ELEMENTE DER MATHEMATIK

RHEINLAND-PFALZ
8. Schuljahr
Lösungen

Herausgegeben von

Heinz Griesel

Helmut Postel

Friedrich Suhr

Schroedel

ELEMENTE DER MATHEMATIK
Rheinland-Pfalz
8. Schuljahr
Lösungen

Herausgegeben von
Prof. Dr. Heinz Griesel, Prof. Helmut Postel, Friedrich Suhr

Bearbeitet von
Christine Fiedler, Reinhard Kind, Werner Ladenthin, Prof. Dr. Matthias Ludwig, Prof. Helmut Postel, Heinz Klaus Strick, Friedrich Suhr

Für Rheinland-Pfalz bearbeitet von
Ursula Etzkorn, Dr. Bernhard Gilles, Hermann Joef Keul, Michael Meyer

Druck A ^{5} / Jahr 2015
Alle Drucke der Serie A sind im Unterricht parallel verwendbar.

Redaktion: Claus Peter Witt
Herstellung: Reinhard Hörner
Umschlagsfoto: Scott Markewitz - Getty Images, München
Zeichnungen: Günter Schlierf, Langner & Partner
Satz: Christina Gundlach
Druck und Bindung: westermann druck GmbH, Braunschweig

ISBN 978-3-507-**87178**-6

Inhaltsverzeichnis

4. Lineare Funktionen

5. Berechnungen an Kreis und Zylinder

Bleib fit im Umgang mit den rationalen Zahlen

7 **1. a)** (1) $6 \cdot 20\ € = 120\ €$ (2) $-3 \cdot 20\ € = -60\ €$

b) (1) Indem man die Beträge addiert und das Ergebnis mit „–1“ multipliziert.
$5 \cdot (-3{,}50\ €) = -17{,}50\ €$
(2) Indem man den Betrag addiert
$2 \cdot (3{,}50\ €)$

c) $6 \cdot 20\ € - 3 \cdot 20\ € - 5 \cdot 3{,}50\ € + 2 \cdot 3{,}50\ €$

8 **2. a)** $-25{,}5;\ -\frac{99}{4};\ -15;\ -\frac{25}{2};\ -5{,}5;\ 12{,}1;\ 25$

b) $25{,}5;\ 25;\ \frac{99}{4};\ 15;\ \frac{25}{2};\ 12{,}1;\ 5{,}5$

3. a)

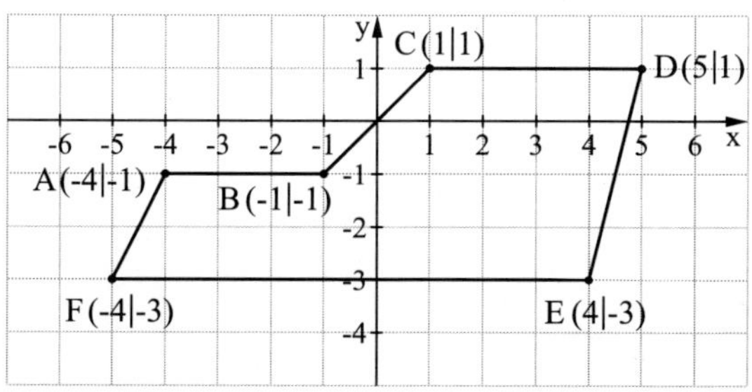

b) A’= (–7; –4);
B’ = (–4; –4);
C’ = (–2; –2);
D’ = (+2; –2);
E’ = (1; –6);
F’ = (–8; –6)

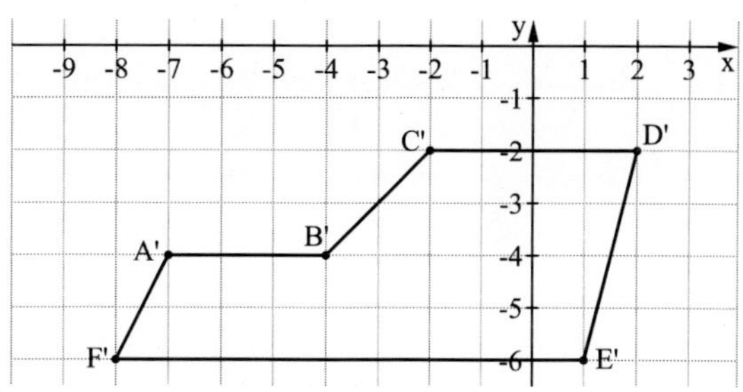

Das neue Vieleck ist kongruent zum alten, allerdings um 3 Einheiten nach links und nach unten verschoben.

4.

a)	b)	c)	d)
+4	+33	–15	–5
+40	+8	+64	+3
–7	–3	–75	–2
–11	–30	–180	+13
16	–8	–77	–12
–26	+6	+132	0
0	0	0	0
–54	+50	–64	Division durch 0 nicht definiert

8

5.

a) -46	**b)** -60	**c)** -8	**d)** $+\frac{2}{15}$
$2{,}2$	-60	-70	$0{,}9$
$1{,}3$	25	25	$-\frac{1}{2}$

6. Z. B. $2 + (-8) + (-12)$
$8 : (-8) + (-12)$
$-2 + 2 - 12$
$(-12) \cdot 2 + 8$
$(-8) \cdot 2 + 8$
$-8 - 2 + (-2)$ …

7. **a)** 20,00 € – (7,36 € – 1,50 €) = 14,14 €
b) x + 0,86 €; $x \geq 5$ z. B. 10,86
c) 12,64 € Rückgeld
d) 14,64 € (mit Schokolade aus c)); 16,14 € (ohne Schokolade aus c))

1. Terme und Gleichungen mit Klammern

1.1 Terme mit mehreren Variablen

11 **2.** **a)** $s = 8x + 4y$ **b)** (1) $s = 72$ (2) $s = 84$ (3) $s = 106{,}4$

12 **3.** **a)** $O = 2ab + 2bc + 2ac$ $s = 2a + 2b + 4c + 20$
b) (1) $O = 122\ \text{cm}^2$, $s = 54\ \text{cm}$ (2) $O = 105{,}3\ \text{cm}^2$, $s = 51{,}6\ \text{cm}$

4. **a)** $3 \cdot a \cdot b = 3ab$
b) $4 \cdot 5 \cdot x = 4 \cdot 5x$
c) $7 \cdot (a - 8 \cdot 6) = 7\,(a - 8 \cdot 6)$
d) $2 \cdot \frac{1}{2} + \frac{3 \cdot x}{2} = 2 \cdot \frac{1}{2} + \frac{3x}{2}$
e) $3 \cdot 5^2 - 1 \cdot x = 3 \cdot 5^2 - 1x$
f) $(4 + x) \cdot (4 - x) = (4 + x)\,(4 - x)$
g) $5 \cdot x^2 \cdot 3 \cdot y = 5x^2 3y$
h) $-2 \cdot p^3 - 3 \cdot (p - q) = -2p^3 - 3(p - q)$

5. Anna hat die Einsetzungen für ab nicht als Produkt $a \cdot b$ geschrieben.
Bastian hat die Klammern um -3 und um -4 vergessen.
Christian hat es richtig gemacht.

6.

	x	y	2x – xy
(1)	2	1	2
(2)	1	2	0
(3)	0	1	0
(4)	1	0	2
(5)	–1	1	–1
(6)	1	–1	3
(7)	$\frac{1}{2}$	$-\frac{2}{3}$	$\frac{4}{3}$
(8)	0,7	–1,1	2,17
(9)	$\frac{3}{4}$	–1,4	2,55

7. (1) **a)** 1 **b)** 21 **c)** $-\frac{17}{36}$ **d)** 1,3 **e)** 1 **f)** –7,3

(2) **a)** –14 **b)** 21 **c)** $\frac{7}{9}$ **d)** 0,6 **e)** 1 **f)** –5,8

(3) **a)** 1 **b)** 46 **c)** $-\frac{29}{36}$ **d)** 0,5 **e)** 0 **f)** 3,7

(4) **a)** –8 **b)** 96 **c)** $\frac{5}{72}$ **d)** 0 **e)** 0 **f)** 15,2

12

8. a) $(8+x)^2-3$ ist eine Differenz.

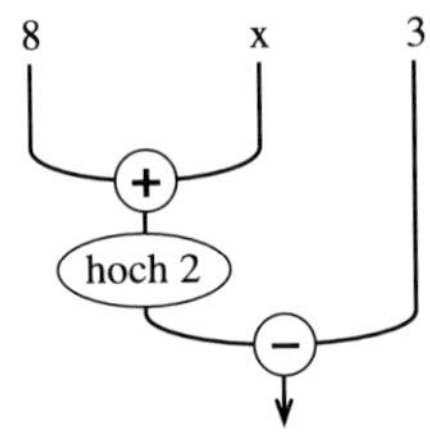

b) $8+\left(x^2-3\right)$ ist eine Summe.

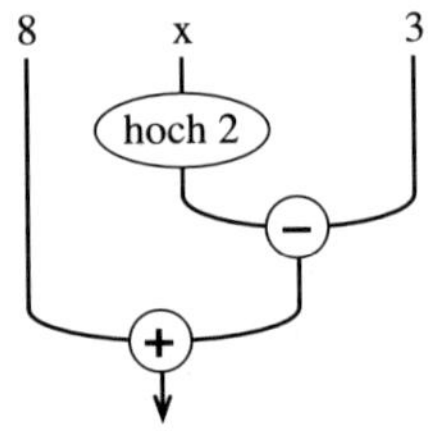

c) $(x-y)\cdot z^3$ ist ein Produkt.

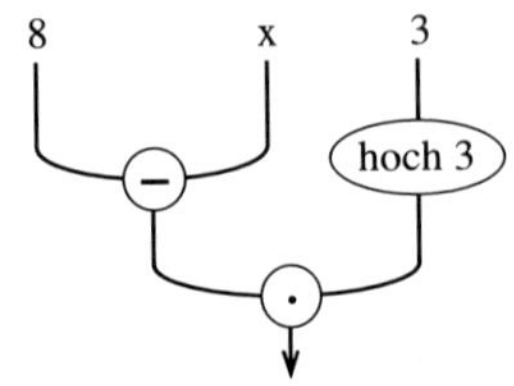

d) $(x-y\cdot z)^3$ ist eine Potenz.

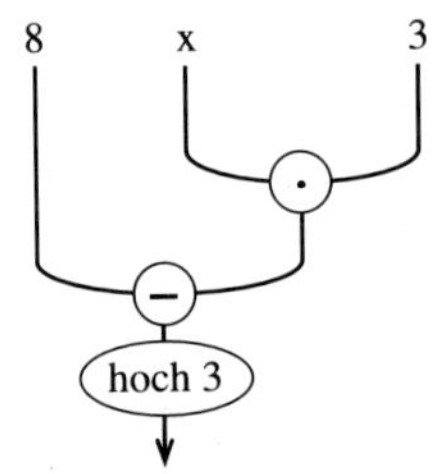

e) $a : b - 4 \cdot a$ ist eine Differenz.

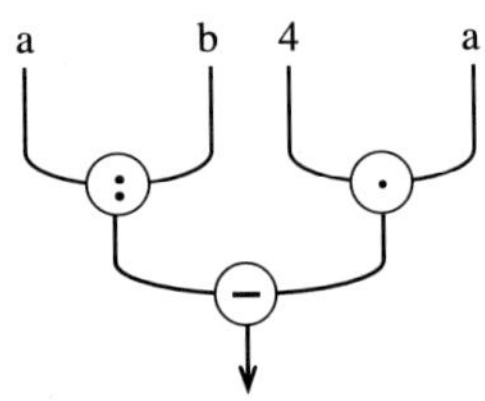

f) $a : (b - 4 \cdot a)$ ist ein Quotient.

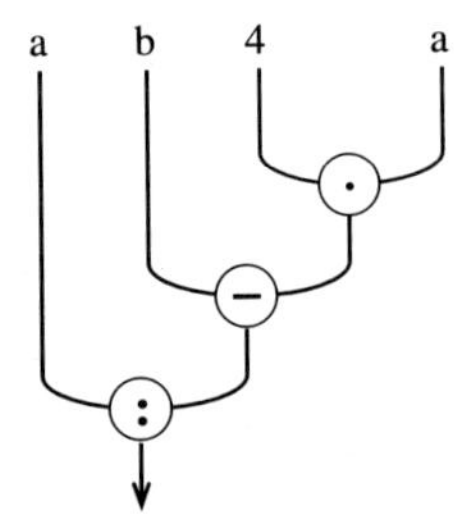

g) $x+\left(3^2-x\right)\cdot 5$ ist eine Summe.

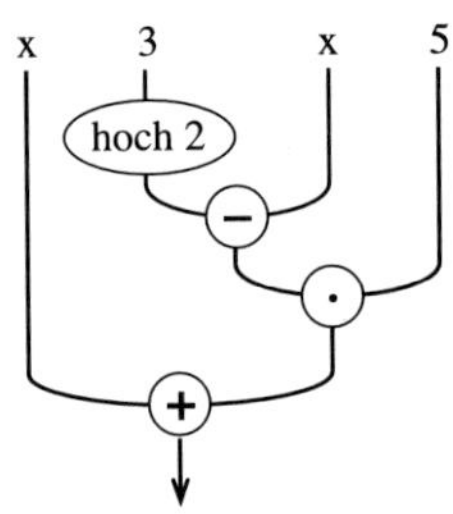

h) $(x+3)^2-x\cdot 5$ ist eine Differenz.

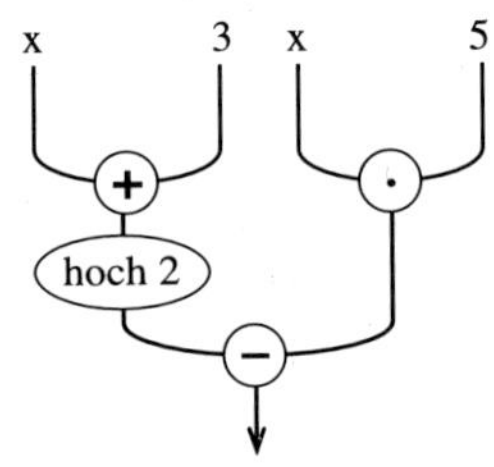

i) $a+(b-4)^2$ ist eine Summe.

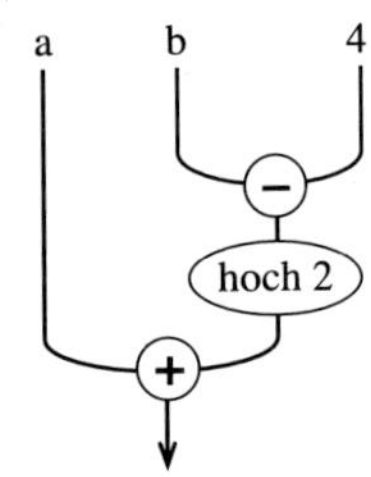

j) $(a+b)-4^2$ ist eine Differenz.

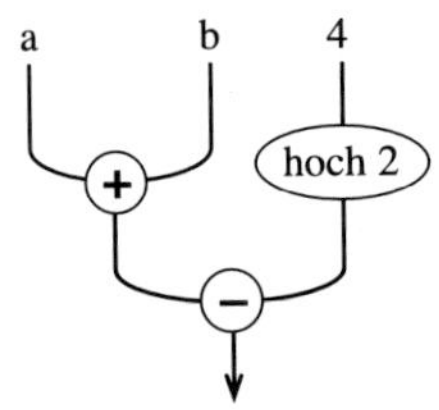

9. a) Addiere zu x das Produkt aus 2 und 8.
b) Multipliziere die Summe aus x und 2 mit 8.
c) Subtrahiere 14 vom Produkt aus x und y.
d) Dividiere die Differenz aus 1 und x durch y.
e) Multipliziere das Quadrat der Differenz aus x und 7 mit z.

13

10. a) (1)

Term: $8 \cdot (7 - 3 \cdot x) + 5$	
Teilterme	Typ des Teilterms
$8 \cdot (7 - 3 \cdot x)$; $3 \cdot x$	Produkt
$7 - 3 \cdot x$	Differenz
ganzer Term	Summe

(2)

Term: $5 - (a + 3 \cdot b) \cdot 2$	
Teilterme	Typ des Teilterms
$(a + 3 \cdot b) \cdot 2$; $3 \cdot b$	Produkt
$a + 3 \cdot b$	Summe
ganzer Term	Differenz

(3)

Term: $(5+7\cdot a)^2 + 2\cdot a$	
Teilterme	Typ des Teilterms
$7 \cdot a$; $2 \cdot a$	Produkt
$(5+7\cdot a)^2$	Potenz
$5 + 7 \cdot a$	Summe
ganzer Term	

(4)

Term: $3 \cdot x + (y - 7 \cdot 2) : 5$	
Teilterme	Typ des Teilterms
$3 \cdot x$; $7 \cdot 2$	Produkt
$y - 7 \cdot 2$	Differenz
$(y - 7 \cdot 2) : 5$	Quotient
ganzer Term	Summe

(5)

Term: $4^2 - x^2 \cdot y^2$	
Teilterme	Typ des Teilterms
$x^2 \cdot y^2$	Produkt
4^2; x^2; y^2	Potenz
ganzer Term	Differenz

(6)

Term: $(4 - x \cdot y)^2$	
Teilterme	Typ des Teilterms
$4 - x \cdot y$	Differenz
$x \cdot y$	Produkt
ganzer Term	Potenz

b) Weil Punktrechnung vor Strichrechnung gilt.

11. a) $y \cdot z$
b) $2y + 2z$
c) $x^2 - y^2$
d) $4x + 2y$
e) $2rs$
f) $3r + 4s$

12. Preis (in €): $1{,}5c + 2d$

13. a) Monatliche Kosten (in €): $10 + x \cdot 0{,}25 + y \cdot 0{,}10$
x = Anzahl der Minuten; y = Anzahl der SMS
b) Sie muss 21,95 € zahlen.
c) -

14.

Economy:	$29x + 0{,}10y$	obere Mittelklasse:	$49x + 0{,}19y$
untere Mittelklasse:	$35x + 0{,}15y$	Luxusklasse:	$69x + 0{,}23y$
Mittelklasse:	$39x + 0{,}17y$	Minibus:	$99x + 0{,}29y$

14

15. a) $P = x \cdot y + z$

b)

Verbrauch (in kWh)	Kosten (in €) Single	Couple	Family
100	38	66	142
200	51	78	152
300	64	90	162
400	77	102	172
500	90	114	182
600	103	126	192
700	116	138	202
800	129	150	212
900	142	162	222
1 000	155	174	232
1 100	168	186	242
1 200	181	198	252
1 300	194	210	262
1 400	207	222	272
1 500	220	234	282
1 600	233	246	292
1 700	246	258	302
1 800	259	270	312
1 900	272	282	322
2 000	285	294	332
2 100	298	306	342
2 200	311	318	352
2 300	324	330	362
2 400	337	342	372
2 500	350	354	382
2 600	363	366	392
2 700	376	378	402
2 800	389	390	412
2 900	402	402	422
3 000	415	414	432
3 100	428	426	442
3 200	441	438	452
3 300	454	450	462
3 400	467	462	472
3 500	480	474	482
3 600	493	486	492
3 700	506	498	502
3 800	519	510	512
3 900	532	522	522
4 000	545	534	532

14 **16.** **a)** $360 \cdot \frac{1\,000 \text{ m}}{3\,600 \text{ s}} = 100 \frac{\text{m}}{\text{s}}$ $s = 100 \cdot t$

b) $s_{10} = 1\,000$ $s_{30} = 3\,000$ $s_{50} = 5\,000$

$s_{20} = 2\,000$ $s_{40} = 4\,000$ $s_{60} = 6\,000$

17. **a)**

Temperatur (in °C)	Länge der Brücke (in m)
–20	29,28
–15	29,46
–10	29,64
–5	29,82
0	30
5	30,18
10	30,36
15	30,54
20	30,72
25	30,9
30	31,08

b) Die Drehungsfuge muss 31,26 m – 29,10 m = 2,16 m breit sein.

18. **a)** 4 Rollen: $F_4 = \frac{L + \frac{4}{2} \cdot 10}{4} = \frac{L+20}{4} = \frac{3L+60}{12}$

6 Rollen: $F_6 = \frac{L + \frac{6}{2} \cdot 10}{6} = \frac{L+30}{6} = \frac{2L+60}{12}$

Da 3L + 60 > 2L + 60 für L > 0, sind 6 Rollen immer günstiger.

b) Siehe a).

Im Blickpunkt: Umgang mit Termen bei einem Computer-Algebra-System (CAS)

15 **1.** -

2. -

3. Anwendung des Assoziativ- und Kommutativgesetzes und Schreibweise als Bruch mit x im Zähler.

1.2 Termumformungen - Addieren und Subtrahieren

18 **2.** **a)** -

b) (1) $72a + 8 + 19a = 72a + 19a + 8 = 91a + 8$

(2) $34z^2 + 16 + 62z^2 = 34z^2 + 62z^2 + 16 = 96z^2 + 16$

(3) $1{,}4s + 7s^2 + 0{,}6s = 1{,}4s + 0{,}6s + 7s^2 = 2s + 7s^2$

18 **3.** **a)** Siehe 2. a)

b) (1) $-a^2+4a+7$ (2) $u^2-3u+12$

19 **4.** $a \cdot ba = a^2b$ (Kommutativgesetz der Multiplikation)

$4a^2b + a^2b = 5a^2b$ (Zusammenfassen gleichartiger Glieder)

5. (1) 42 (2) −3 (3) −5

42 −3 −5

42 −3 −5

Die Terme könnten wertgleich sein. Durch Vereinfachen erhält man bei allen Termen den Term $4 - 6y$. Die Terme sind also wertgleich.

6. **a)** Z. B. $a = 1, x = -3$ **b)** Z. B. $u = 2, v = 3$ **c)** Z. B. $x = 1$

7. Z. B. $x = 0, y = 0$; $x = -1, y = 14$; $x = 0{,}5, y = -8$

8. Gegenbeispiel: $x = 1, y = 2$

9. **a)** $a + b + a + b = a + a + b + b = 2a + 2b$ bzw. $(a + b) + (a + b) = 2\,(a + b)$

b) (1) $u = 24$ (2) $u = 9$ (3) $u = 2\frac{1}{3}$

10. (1) $4a - b$ (3) $3a - (b - a) = 4a - b$

(2) $4a - 4b$ (4) $(a - b) \cdot 4 = 4a - 4b$

Die Terme in (1) und (3) sind wertgleich zueinander, ebenso die Terme (2) und (4). Die Terme (1) und (2), (1) und (4), (2) und (3), sowie (3) und (4) sind nicht wertgleich zueinander.

11. **a)** *Beispiele:* $a^2 - b^2$ oder $a\,(a - b) + (a - b)\,b$

b) (1) 375 (2) 627 (3) 580 (4) 361,8

20 **12.** **a)** $4x$ **c)** $2a + b + 3c$ **e)** $a^2 + 2a + 2ab$

b) $2k + 5t$ **d)** $3ab$ **f)** $2x^2y + xy + xy^2$

13. **a)** $x + x + x + x + x + x + x$

b) $a + a + b + b + b$

c) $xy + xy + xy + y^2 + y^2 + y^2 + x^2 + x^2 + x^2$

d) $x + x + 3$

e) $x^2 + y^2 + y^2 + y^2$

20

14. **a)** $8x$, $4a$, r, $-41s$, $-10z$

b) $7xy$, $9st$, $10yz$, $-65uv$, $-8rt$

c) $0{,}9ab - 17ac$, $-2{,}47\,x^2$, $-0{,}7abc$, $-0{,}3u^2v$, 0

d) $\frac{1}{8}r^2$, $\frac{1}{12}xy^2$, $-\frac{5}{12}u$, $\frac{29}{35}ba$

15. (1) - (2) 11d (3) - (4) - (5) 0

16. *Beispiele:*

a) $x + 15x$; $8x + 8x$; $4x + 12x$

b) $h + 8h$; $2h + 7h$; $4h + 5h$

c) $12ab + 12ba$; $ab + 23ab$; $5ab + 19ab$

d) $s^2 + 5s^2$; $3s^2 + 3s^2$; $2s^2 + 4s^2$

e) $z^2y + 19yz^2$; $10z^2y + 10yz^2$; $5z^2y + 15z^2y$

f) $b^2x^3 + 11b^2x^3$; $6b^2x^3 + 6b^2x^3$; $5b^2x^3 + 7x^3b^2$

17. **a)**
$12x + 2y + 8x$
↓ Kommutativgesetz der Addition
$12x + 8x + 2y$
↓ Distributivgesetz
$(12 + 8) \cdot x + 2y$
↓ Zusammenfassen
$20x + 2y$

b)
$7y + 5x - 3x$
↓ Distributivgesetz
$7y + (5 - 3) \cdot x$
↓ Zusammenfassen
$7y + 2x$

c)
$9ab + 4b + a - 2ab$
↓ Kommutativgesetz der Addition
$9ab - 2ab + 4b + a$
↓ Distributivgesetz
$(9 - 2)ab + 4b + a$
↓ Zusammenfassen
$7ab + 4b + a$

d)
$3r^2s^2 + s^2 + 8r^2 - 7s^2$
↓ Kommutativgesetz der Addition
$3r^2s^2 + 8r^2 + s^2 - 7s^2$
↓ Distributivgesetz
$3r^2s^2 + 8r^2 + s^2 - 7s^2$
↓ Zusammenfassen
$3r^2s^2 + 8r^2 - 6s^2$

20

18. **a)** 1. Zeile: $(x + z) + (x + y - z) + (x - y) = 3x$
2. Zeile: $(x - y - z) + x + (x + y + z) = 3x$
3. Zeile: $(x + y) + (x - y + z) + (x - z) = 3x$
1. Spalte: $(x + z) + (x - y - z) + (x + y) = 3x$
2. Spalte: $(x + y - z) + x + (x - y + z) = 3x$
3. Spalte: $(x - y) + (x + y + z) + (x - z) = 3x$
Hauptdiagonale: $(x + z) + x + (x - z) = 3x$
Nebendiagonale: $(x - y) + x + (x + y) = 3x$

b)

u	v + w	x − w	y
x − z	y	u	v + z
z + y	x	v	u − z
v	u − w	y + w	x

c) Zum Beispiel kann nicht u = 16 und u = 11 gelten. Es gibt also keine Einsetzung für die Variablen, mit denen man das magische Quadrat erhält.

21

19. Michael hat bei allen Aufgaben nicht beachtet, dass die Glieder nicht gleichartig sind.

20. **a)** $42u + 9v$
$22w^2 - 83z$
$62c + 24d - 62c^2$
$80g - 100$
$100hg^2 - 32hg - 22h^2g$

b) $42u^2 + 9v^2$
$80g^2 - 100$
$78h^3 - 32h$
$1 - b^2 - 31a^2$
$x + x^2 + x^3 + x^4$

c) $21a^2b - 3ab^2$
$9u^2v^3 + 6u^3v^2$
$13p^2q + pq^2 - pq$
$u^2 - u^2v + 3uv^2 - 17v^2$
$2cd + 13cd^2 - 12c^2d$

21. **a)** 2,24 **b)** 0,165

22. **a)** $d = 6 \cdot (2x + 2y)$ d = 60 [d = 36] Maße in cm
b) $d = 20\,(2x + 2y)$ d = 680 [d = 1 320] Maße in mm
c) $d = n\,(2x + 2y)$

23. $-\frac{3}{10}x$ wird als $\frac{-3x}{10}$ dargestellt.

24. **a)** $-3ab + 4a^2$
b) $2xy - 2x^2y - 9xy^2 + 3y^2 - 3x^2$
c) $1{,}6uv^2 - 0{,}6u^2v - 0{,}9uv - 0{,}9v^2$
d) $-\frac{5}{12}cd - \frac{4}{3}cd^2 - \frac{1}{12}c^2d + \frac{5}{6}c^2d^2$
e) $-\frac{1}{5}rs - \frac{1}{2}r^2s^2 + \frac{19}{15}rs^2 - \frac{3}{2}r^2s$
f) $-5pq - \frac{1}{6}pq^2 - \frac{2}{3}p^2q^2$

1.3 Multiplizieren und Dividieren von Produkten

23

2. **a)** a^7 **b)** $16a^2$ **c)** x^6 **d)** $8a^6b^3$ **e)** $16u^2v^4w^2$

3. $4 \cdot 6x \cdot 2 = 8 \cdot 12\,x \quad |:4$
$4 \cdot 6x : 2 = 2 \cdot 12x$
Man dividiert ein Produkt durch eine Zahl, indem man nur einen Faktor des Produkts durch die Zahl dividiert.

4. **a)** $24x$ **b)** $35a$ **c)** $-3u$ **d)** y **e)** $4x$ **f)** $4r$

5. **a)** $-8a$ **b)** $-10s$ **c)** $2xy$ **d)** $-2a$

6.

a) $60a$	**c)** $12x$	**e)** $-60x$	**g)** $-0{,}4u$
$60a$	$\frac{5}{9}r$	$-3{,}6y$	$23x$
$-60a$	$-1{,}5y$	$3{,}5t^2 = \frac{7}{2}t^2$	$4yz$
b) $2x$	**d)** $22y$	**f)** $-45y$	**h)** $\frac{5}{2}a$
$-2x$	$-4t$	$-132r$	$-\frac{3}{5}s$
$2x$	$-\frac{6}{7}k^2$	$80s^2$	$0{,}75y^2$

7. Adrian: falsch; richtig: $y + y + y = 3y$
Christian: richtig
Ellen: falsch; richtig: $7 \cdot (2u) = 14u$
Gitte: falsch; richtig: $(18a \cdot 21) : 3 = 6a \cdot 21 = 126a$
Barbara: richtig
Daniel: falsch; richtig: $(-1) \cdot (-2) \cdot (-u) = -2u$
Frank: richtig
Hanna: falsch; richtig: $x^2 : 2 = \frac{1}{2}x^2$

24

8. **a)** $15x^2$ **c)** $4y^2$ **e)** $3a^2$ **g)** $-12w^2$ **i)** $-2z^3$ **k)** $-\frac{1}{5}u^2$
b) $-7p^2$ **d)** $\frac{1}{4}z^2$ **f)** $6m^2$ **h)** $24y^3$ **j)** $\frac{1}{3}a^3$ **l)** $\frac{1}{6}x^2$

9. **a)** $19x + 7$ **c)** 0 **e)** 0
b) $a^2 + 27a$ **d)** $-4x^2 + 13x$ **f)** $5x^2 + 22x$

10. Preis: $x \cdot 0{,}7 \cdot 0{,}9 = x \cdot 0{,}63$ Der Gesamtnachlass beträgt 37 %.

11. **a)** $27x + 15y$ **c)** $-18u + 18v$ **e)** $-2p - 3q$
b) $28a - 21b$ **d)** $10x + 2y$ **f)** $-8a$

24

12.

a)	b)	c)	d)
$100a^3b$	$3x^2y^3$	$48a^2x^3$	$90xy$
$-180x^3y$	$-3xz^4$	$-180rs$	$-154r^2t^2$
$\frac{2}{3}u^2t$	$\frac{4}{3}a^2b^2$	$-60km$	$\frac{36}{35}abc$
$-58rt^5$	$-\frac{3}{5}u^2v$	$-120txy$	$-0{,}48uv$

13. Zwischen den Variablen stehen Malpunkte.

14.

a)	b)
x^5	$-35x^6$
$-a^4$	$4a^9$
$5a^5$	$9b^9$
$-6b^4$	$-1{,}2x^5$
$15a^6$	$-\frac{1}{6}b^6$

15.

a)	b)	c)
x^7y^5	$-40a^4b^2$	$120x^6y^3$
$-r^5s^2$	$\frac{1}{6}t^{11}$	$3960u^3v^3$
$12a^2b^2$	$-0{,}06x^2y^2$	$6x^4y^7$

16. **a)** $5x^7 + 9x^7 = 14x^7$
$-12r^9 - 8r^9 = -20r^9$
$7t^3 + t^3 = 8t^3$

b) $8a^5 + 5a^5 + 9a^5 = 22a^5$
$9y^{11} - 13y^{11} + 4y^{11} = 0$
$8x^5 + x^5 - 10x^5 = -x^5$

c) $14a^4b^3 + 9a^3b^3 - 10a^4b^3 = 4a^4b^3 + 9a^3b^3$
$6p^2q^4 - 1{,}2p^2q^3 - 20p^2q^3 = 6p^2q^4 - 21{,}2p^2q^3$
$-18x^4y^4 - 6x^4y^4 - 70x^4y^4 = -94x^4y^4$

25

17. **a)** $6x^3y^2 - 15y^4x + 20x^6 - 8x^3y^2 + 12y^4x + 7x^3y^2 + 3xy^4 - 13y^6$
$= 5x^3y^2 + 20x^6 - 13y^6$

b) $60ab^2 - 28a^3b + 181 - 114ab^2 + 54a^3b + 24a^2b^2 - 26a^3b$
$= -54ab^2 + 24a^2b^2 + 181$

c) $5rs^2t^3 - r^3st^2 - 27rst + 8rs^2t^3 + 6r^3st^2 - 12rt^2s^2 + 5r^3t^2s + 27tsr$
$= 13rs^2t^3 + 10r^3st^2 - 12rs^2t^2$

d) $0{,}4a^2b^3c - 0{,}5a^3bc^2 - 0{,}4a^2b^3c + 0{,}2a^3bc^2 + 0{,}4a^2b^3c$
$= 0{,}4a^2b^3c - 0{,}3a^3bc^2$

25 **18. a)** $A = a^2 + 4 \cdot 0{,}9a \cdot a = 4{,}6a^2$

b) $O = 6a^2$ $\quad 4{,}6a^2$ sind $76\frac{2}{3}$ % von $6a^2$.

19. $(3x)^2 = 9x^2 = (-3x)^2$; $-(3x)^2 = -9x^2$

20. a) $3a \cdot 3a$
$2uv \cdot 2uv \cdot 2uv$
$b^3 \cdot b^3$

b) $4cd^2 \cdot 4cd^2 \cdot 4cd^2$
$2x^2yz \cdot 2x^2yz \cdot 2x^2yz$
$3u^2v^3 \cdot 3u^2v^3$

c) $(-ab) \cdot (-ab)$
$(-2x) \cdot (-2x) \cdot (-2x)$
$\left(-2x^2y\right) \cdot \left(-2x^2y\right) \cdot \left(-2x^2y\right)$

21. a) $9x^2$ **b)** $(5z)^2$ **c)** $\left(6a^2\right)^2$ **d)** $\left(\frac{1}{2}u\right)^2$ **e)** $\left(\frac{1}{9}z^3\right)^2$ **f)** $(2xy)^2$ **g)** $\left(10ab^2\right)^2$ **h)** $\left(8uv^2w\right)^2$ **i)** $\left(\frac{1}{3}pa^2\right)^2$ **j)** $\left(\frac{4}{9}cd^2e^3\right)^2$

22. a) $36x^3y^2$
$12a^4b^4$
$45c^6d^2$

b) $-192p^4q^7$
$-4v^3w^5$
$-3p^7q^8$

c) $32a^6b^8$
$3y^8z^9$
$0{,}032x^4y^3$

d) $0{,}9m^3n^5$
$\frac{8}{27}a^5b^7$
$-\frac{3}{4}u^3v^3$

23. a) $17u^6v^{12}$
b) $36x^2y^2$
c) $-4u^2v^2$
d) $-38a^2b^2$
e) $8r^5s^2 - 48r^3s^2$
f) $11p^2q^4$
g) $36u^2v^4 + 24u^2v^2$
h) 0
i) $22s^5t^4$

1.4 Auflösen einer Klammer

27 **2. a)**

$6(x-3) - 3x = 12$	| Ausklammern
$6x - 18 - 3x = 12$	| Zusammenfassen
$3x - 18 = 12$	| + 18
$3x = 30$	| : 3
$x = 10$	

b) (1) $L = \{12{,}5\}$ (2) $L = \left\{-\frac{1}{5}\right\}$ (3) $L = \{\ \}$

28 **3. a)** Die Division wird auf die Multiplikation mit dem Kehrwert zurückgeführt.

28

3. b) (1) $(4a+6b):\frac{2}{3}$
$= (4a+6b)\cdot\frac{3}{2}$
$= 4a\cdot\frac{3}{2}+6b\cdot\frac{3}{2}$
$= 6a+9b$

(2) $(8p-12q):4$
$= (8p-12q)\cdot\frac{1}{4}$
$= 8p\cdot\frac{1}{4}-12q\cdot\frac{1}{4}$
$= 2p-3q$

(3) $(6x-9y):(-3)$
$= (6x-9y)\cdot\left(-\frac{1}{3}\right)$
$= 6x\cdot\left(-\frac{1}{3}\right)-9y\cdot\left(-\frac{1}{3}\right)$
$= -2x+3y$

(4) $(12r-9s):\left(-\frac{3}{4}\right)$
$= (12r-9s)\cdot\left(-\frac{4}{3}\right)$
$= 12r\cdot\left(-\frac{4}{3}\right)-9s\cdot\left(-\frac{4}{3}\right)$
$= -16r+12s$

c) Man dividiert jedes Glied der algebraischen Summe in der Klammer durch den Divisor. Die Zeichen + und – werden nach den Vorzeichenregeln gesetzt.

d) $(a+b):c = (a+b)\cdot\frac{1}{c} = a\cdot\frac{1}{c}+b\cdot\frac{1}{c}$

4. -

5. a) $A = a\cdot c + a\cdot b$ $\quad$ $A = a\cdot(b+c)$
b) $A = 704\ m^2$
c) Diesem Beispiel kann man das Distributivgesetz entnehmen.

6.

a) $5x+5y$	**c)** $xa+xb$	**e)** $9x-9y$	**g)** $4-4u^2$
$2{,}1+0{,}7x$	$xz+yz$	$7x-7y$	r^2-r
$-8y-56$	$rt+st$	$-5x+5y$	$-s+st$
b) $7x+7y$	**d)** $x+xy$	**f)** $x-xy$	**h)** $-4a-4b$
$9{,}5x+38$	$-kr-k$	$xy-y$	$6-2x$
$-3-3x$	$a+ab$	$-3a+3b$	$u+u^2$

7.

a) $56x+35$	**b)** $30x-20y$	**c)** $7ax+5ay$	**d)** $0{,}5cx+3{,}7cy$
$18+30r$	$-63a+36b$	$3rt-14st$	$12a-38b$
$36t+4$	$24r-72s$	$9uw+12vw$	$-4u-14v$
$80b+60$	$-60d+135c$	$-8ac-7bc$	$2p+5{,}6q$

8.
$2x\cdot(x+y) = 2x^2+2xy$ $\quad$ $(-3v)\cdot(x+y) = -3vx-3vy$
$2x\cdot(z-1) = 2xz-2x$ $\quad$ $(-3v)\cdot(z-1) = -3vz+3v$
$2x\cdot(2u-v) = 4xu-2xv$ $\quad$ $(-3v)\cdot(2u-v) = -6uv+3v^2$

$u\cdot(x+y) = ux+uy$ $\quad$ $(-3)\cdot(x+y) = -3x-3y$
$u\cdot(z-1) = uz-u$ $\quad$ $(-3)\cdot(z-1) = -3z+3$
$u\cdot(2u-v) = 2u^2-uv$ $\quad$ $(-3)\cdot(2u-v) = -6u+3v$

28 **9.** **a)** $6ax - 8bx$ **b)** $56cz + 32yz$ **c)** $48x - 80y$ **d)** $0{,}15ab + 0{,}36ac$

a)	b)	c)	d)
$6ax - 8bx$	$56cz + 32yz$	$48x - 80y$	$0{,}15ab + 0{,}36ac$
$35ab + 5ac$	$-15st - 100su$	$55a + 172{,}5b$	$\frac{x^2}{6} + \frac{xy}{4}$
$9rx + 99ry$	$180qk - 15k$	$-8v + 26t$	$\frac{1}{2}ut + \frac{1}{5}vt$
$24xz - 28yz$	$-15rt - 5st$	$-40u - 18v$	$-0{,}4rs + \frac{1}{2}s^2$

29 **10.** **a)** $3ax + 8ay + 7az$

$4ax + 36bx + 20cx$

$-48ut - 60tv - 12tw$

$-160qr - 120qs - 96qt$

b) $2{,}5xy + 7{,}1y^2 + 8{,}3yz$

$6{,}3x - 1{,}26y + 13{,}86z$

$14xz + 0{,}9yz + 0{,}06z$

$-2{,}5k^2 - kt - 12{,}5kz$

c) $9t - 69k - 78q$

$-28r^2 - 30r + 8rs$

$\frac{1}{4}a^2 - \frac{1}{9}ab + \frac{3}{8}ac$

11. **a)** $12a^3b - 15a^2b^2 + 9ab^3$

b) $20u^3v^2 - 24u^2v^2 - 28u^2v^3$

c) $-6p^3q^2 + 6p^2q^3 - 8p^3q^3 - 2pq^4$

d) $12x^4y^4 - 6x^3y^5 + 12x^3y^3 - 21x^2y^4$

e) $2r^2s^5 - r^3s^4 + \frac{3}{2}r^4s^3 + \frac{1}{2}rs^6$

f) $0{,}8x^4y^4 - 0{,}4x^3y^5 + 0{,}6x^2y^6 - xy^4$

12. **a)** Die Variablen in der Klammer wurden alphabetisch sortiert.
b) Die Klammer wurde aufgelöst und nach den Potenzen von x sortiert.

13. **a)** Jedes Glied der Summe wird durch 2 dividiert.
b) (1) $(6a - 3b) : 3$

$= 6a : 3 - 3b : 3$

$= 2a - b$

(2) $\left(\frac{1}{2}x + \frac{3}{2}y\right) : \frac{1}{2}$

$= \frac{1}{2}x : \frac{1}{2} + \frac{3}{2}y : \frac{1}{2}$

$= x + 3y$

(3) $\left(8u^2 - \frac{1}{2}\right) : \left(-\frac{3}{4}\right)$

$= 8u^2 : \left(-\frac{3}{4}\right) - \frac{1}{2} : \left(-\frac{3}{4}\right)$

$= -\frac{32}{3}u^2 + \frac{2}{3}$

29

14. a) $5a - 3b + 7a - 7b = 12a - 10b$
$xy - 9x + 3x - xy = -6x$
$7x + 7y + 3x - 3y = 10x + 4y$

b) $12x - 20y - 7x + 11y = 5x - 9y$
$b + 40a + 80b - 40a = 81b$
$r - 3s + 42r + 56s = 43r + 53s$

c) $3r - 4s + 5s - 4r = -r + s$
$7a + \frac{3}{5}b + 11 - \frac{1}{2}b = 7a + \frac{1}{10}b + 11$
$-2x + 2x^2 + x^2 + 4x = 2x + 3x^2$

15. $x \cdot (x-2) + 4x - x^2 = 2x$
Herr Hultsch muss das Ergebnis nur halbieren, dann hat er die gesuchte Zahl x.

16. a) $4 \cdot a \cdot h + 4 \cdot a \cdot \frac{2}{3}a + 2 \cdot a^2 + 2 \cdot a + h = 4ah + \frac{14}{3}a^2 + 2a + h$

b) (1) 442,5 cm² (2) 214,17 cm²

30

17. $x + 2\,(x - 11) = 17$
$x + 2x - 22 = 17$
$3x - 22 = 17 \quad | +22$
$3x = 39 \quad | :3$
$x = 13$
$L = \{13\}$

18. a) $L = \{46\}$ **b)** $L = \{4\}$ **c)** $L = \{2\}$ **d)** $L = \{-3\}$ **e)** $L = \left\{\frac{15}{81}\right\}$ **f)** $L = \{1\}$

19. a) Julia hat die Klammern nicht durch Multiplizieren aufgelöst, sondern beide Seiten der Gleichung durch 4 dividiert.

b) (1) $L = \{4\}$ (2) $L = \{2\}$ (3) $L = \{-5\}$ (4) $L = \{15\}$ (5) $L = \{-3\}$ (6) $L = \{x \in \mathbb{Q} \mid x < 7\}$ (7) $L = \{x \in \mathbb{Q} \mid x \geq -11\}$ (8) $L = \{3\}$ (9) $L = \{1{,}25\}$

20. a) $L = \left\{\frac{1}{9}\right\}$ **b)** $L = \{5\}$ **c)** $L = \{x \in \mathbb{Q} \mid x \leq 2\}$ **d)** $L = \{1\}$

21. a) $x = -9$ $\left[x = \frac{37}{7};\ x = \frac{72}{7}\right]$

b) $x = 86$ $\left[x = \frac{1}{2};\ x = 0\right]$

c) $x = 2$ $\left[x = 3;\ x = \frac{21}{8};\ x = 8\right]$

22. a) Sarah vermeidet das Rechnen mit Brüchen. $L = \{x \in \mathbb{Q} \mid x < -24\}$

b) Man kann das Rechnen mit Brüchen vermeiden, wenn man sie durch Multiplikation beider Seiten der Gleichung mit einem gemeinsamen Nenner beseitigt.

30

23. **a)** $L = \left\{\frac{20}{9}\right\}$ **c)** $L = \{4\}$ **e)** $L = \mathbb{Q}$

b) $L = \{-4\}$ **d)** $L = \{10\}$

24. **a)** $(x + 1{,}5) \cdot 2 = \frac{x}{3};\ L = \left\{-\frac{9}{5}\right\}$ **b)** $(5 + 2x) : 3 = 7;\ L = \{8\}$

31

25. x: Länge der kürzesten Kante (in cm)
Gleichung: $4x + 4 \cdot (2x) + 4\,(x + 12) = 144$ *Lösung:* $x = 6$
Antwort: Die kürzeste Seite ist 6 cm, die mittlere 12 cm und die längste 18 cm lang.

Das Volumen ist $V = 18\text{ cm} \cdot 12\text{ cm} \cdot 6\text{ cm} = 1\,296\text{ cm}^3$.

26. x: Größe der Grundfläche (in cm²)
Gleichung: $2x + 2 \cdot \left(\frac{1}{2}x\right) + 2 \cdot (x - 10) = 280$ *Lösung:* $x = 60$

Antwort: Die Grundfläche ist 60 cm^2 groß, eine kleine Seitenfläche 30 cm^2 und eine große Seitenfläche 50 cm^2 groß.

27. x: Ursprüngliche Anzahl der Nüsse in der linken Tasche
Gleichung: $3x - 30 = \frac{1}{3}(x + 30)$ *Lösung:* $x = 15$

Antwort: Er hatte 15 Nüsse in der linken und 45 Nüsse in der rechten Tasche.

28. **a)** x: Anzahl der Jahre bis die Großmutter fünfmal so alt ist
Gleichung: $84 + x = 5 \cdot (8 + x)$ *Lösung:* $x = 11$
Antwort: In 11 Jahren ist die Großmutter fünfmal so alt wie die Enkelin. Sie ist dann 95 Jahre, die Enkelin 19 Jahre alt.

b) x: Anzahl der Jahre, vor denen die Großmutter zwanzigmal so alt war
Gleichung: $84 - x = 20 \cdot (8 - x)$ *Lösung:* $x = 4$
Antwort: Vor 4 Jahren war die Großmutter zwanzigmal so alt wie die Enkelin. Sie war damals 80 Jahre, die Enkelin 4 Jahre alt.

29. x: Alter des Sohnes heute (in Jahren)
Gleichung: $x + 16 + 2 \cdot (x + 16) = 40 + 2 \cdot 16$ *Lösung:* $x = 8$
Antwort: Der Sohn ist heute 8 Jahre, der Vater 32 Jahre alt. In 16 Jahren ist der Sohn 24 Jahre, der Vater 48 Jahre alt.

30. x: Alter der Schwester heute (in Jahren)
Gleichung: $2x - 4 = (x - 4) \cdot 4$ *Lösung:* $x = 6$
Antwort: Der Junge ist heute 12 Jahre, die Schwester 6 Jahre alt. Vor 4 Jahren war der Junge 8 Jahre, die Schwester 2 Jahre alt.

31 **31.** Ute ist 16 Jahre älter als Eva.
x: Alter von Eva (in Jahren)
Gleichung: $\frac{1}{2}x = \frac{1}{3}(x+16)$ *Lösung:* $x = 32$
Antwort: Eva ist 32 Jahre, Ute 48 Jahre und Ole 53 Jahre alt.

32. x: Anzahl der Bienen
Gleichung: $\frac{1}{5}x + \frac{1}{3}x + 3 \cdot \left(\frac{1}{3}x - \frac{1}{5}x\right) + 1 = x$ *Lösung:* $x = 15$
Antwort: Es sind 15 Bienen.

33. x: Anzahl der Schafe
Gleichung: $\left(x - \left(\frac{1}{2}x + 3\right)\right) \cdot 8 = x - \left(\frac{1}{2}x + 3\right) + 7$ *Lösung:* $x = 8$

1.5 Minuszeichen vor einer Klammer – Subtrahieren einer Klammer

32 **2.** **a)** 100 € – (h € + p €) = 100 € – h € – p €
b) 100 € – (102 € – x €) = –2 € + x €

33 **3.** **a)** $-a - b$; $-x + y$; $3 - r$
b) $-a + b$; $-4x - y$; $u + 7v$
c) $-3 - x + 2 = -1 - x$; $-x - 5y + 3y = -x - 2y$; $-a^2 + b^2 - b^2 = -a^2$
d) $-3x + y + 2x - 2y = -x - y$; $2a - 1{,}8b + 2a + ab = 4a - 1{,}8b + ab$; $-r - 0{,}9x + r - rx = -0{,}9x - rx$

4.

a)	b)	c)	d)
$x - y - z$	$2x + y$	$2a + 3b$	$6 + a - b$
$x - y + z$	$9a - 2b$	$9x + 7z$	$-2x - y + 2z$
$a - 5 - b$	$6r + s$	$-2u + 4v$	$5r + s - 5$
$b - 5 + a$	$-3k - 8$	$17r - 6s$	$9a - 2b + 6c + 8d$

5. $x - y - 2z$; $x - (y + 2z)$

6. $h - (r + t)$; $h + t - r$

7.

a)	b)	c)
$-5{,}8a - b$	$-23x - 15y$	$3a - 25b$
$-2{,}6x - 1{,}9y$	$-33{,}5a - 4b$	$\frac{3}{32}y$
$-0{,}8u + 4{,}5v$	$2{,}5s$	$\frac{2}{3}t^2$

33

8. 1) $\left(x^2+y\right)-\left(x^2-y\right)$
$= x^2+y-x^2+y$
$= 2y$

2) $u^2-2(v+u)^2$
$= u^2-2\left(v^2+2uv+u^2\right)$
$= u^2-2v^2-4uv-2u^2$
$= -u^2-4uv-2v^2$

3) $-(r-(s-r))$
$= -r+(s-r)$
$= -r+s-r$
$= -2r+s$

9. **a)** $-2b$
$2y^2$
0

b) $-8+0{,}2a-3{,}8b$
$-11+15x+5y$
$-2y-\frac{4}{3}a+2b$

c) $m^2-mn-m^2+1=-mn+1$
$2a^2-ab-ab-b^3=2a^2-2ab-b^3$
$6x^2-2xy-6x^2-x^2y=-2xy-x^2y$

d) $u^2v-uv^2+uv^2+u^2v-uv^2-v^3=2u^2v-uv^2-v^3$
$p^3q-p^2q^2-2p^3+2p^2q^2+p^3q-pq^2=2p^3q+p^2q^2-2p^3-pq^2$
$2r^3s-3rs^3-4r^2s^3+4r^3s^2+10r^3s+4rs^4$
$=12r^3s-3rs^3-4r^2s^3+4r^3s^2+4rs^4$

10. Druckfehler in der 1. Auflage: Teilaufgaben alphabetisch falsch; richtig d), e), f) statt e), f), h)

a) $L=\left\{-\frac{1}{2}\right\}$
b) $L=\{0\}$
c) $L=\{-2\}$
d) $L=\{\ \}$
e) $L=\{-19\}$
f) $L=\left\{\frac{165}{64}\right\}$

11. -

1.6 Ausklammern

34

2. **a)** $10\left(x^2+y\right)$ **b)** $-4\,(a+b)$

3. **a)** *Zum Beispiel:* $3\,(x+x)$
b) *Zum Beispiel:* $4\,(2a+3b)$
c) *Zum Beispiel:* $x\,(4+a)$
d) *Zum Beispiel:* $3pq\,(p+2)$
e) *Zum Beispiel:* $4x^2z(2x-1)$
f) *Zum Beispiel:* $7\,(u-1)$

34

4. a) $5\,(a + b)$
$13\,(r + s)$

b) $11\,(x - y)$
$19\,(u - v)$

c) $7\,(x + yz)$
$2\left(rs + t^2\right)$

d) $9\,(1 - x)$
$\frac{4}{5}(u + 1)$

e) $5\,(5a - 3b)$
$3\left(r^2 + 6s^2\right)$

35

5. a) $b\,(4 + a)$
$x\,(3 - y)$
$r\,(s + r)$

b) $x\,(y - z)$
$v\,(u + w)$
$t\,(1 + t)$

c) $a\,(1 + 5b)$
$x\,(x - 2y)$
$r\,(r - 1)$

d) $b\,(4a - 9c)$
$b\left(a^2 + zb\right)$
$x\,(xy + 1)$

e) $a\,(4b + 3a)$
$r\,(5s - 1)$
$u\left(-8v^2 - ux\right)$

6. Anna: $4xy - 4xz = 4x\,(y - z)$
Dario: $6x^6y + 4x^3z = 2x^3\left(x^3y + 2z\right)$
Bert: richtig
Elke: $15pq + 24pq^2 + 3q = 3q(5p + 8pq + 1)$
Christian: $-30cd - 24ce = -6c\,(5d + 4e)$
Fabian: $-27u^2v + 15uvw = -3uv(9u - 5w)$

7. a) $x\,(3 + 2y)$
$a\left(7b^2 + 2c\right)$
$q\,(5p - 3n)$

b) $2\,(xy + z)$
$7\,(rs - px)$
$-9\,(x + y)$

c) $12\,(2x + y)$
$8\left(ab - 2c^2\right)$
$7\,(3ab + 2xy)$

d) $2x\,(y + z)$
$7b\,(11a - c)$
$x\,(2 + 1)$

e) $3x\,(3y - 1)$
$-9x\,(y - z)$
$-4a\left(b^2 + 6c^2\right)$

f) $6u\,(4v - 6u)$
$-7s\,(3r - 4t)$
$11h\,(5h - 3)$

g) $25p^2(4 + 5p)$
$13ab\,(-3a + 4b)$
$125r^2s$

h) $8a^2(2 - 3ab)$
$73x^4(-x + 2)$
$-t^3\left(t^3 - 293\right)$

8. *Beispiele:*

a) $3x + 3y = 3\,(x + y)$

b) $7ab - 8ab = ab\,(7 - 8)$

c) $8a + 7a = a\,(8 + 7)$

d) $9x^2y + 2x^2y = x^2y(9 + 2)$

e) $4yz^2 - 4yz = 4yz(z - 1)$

35

9. **a)** $4a(2a+1)$; $3x(9x^3-1)$; $x^2(2x^3-5)$; $u^3(9u+10)$

b) $3a^2b(3-a^2)$; $2a^3b(5a^2+4b)$; $\frac{3}{4}(x+y+z)$; $4x^2y(1+5xy)$

c) $2ab(2b+3a+5)$; $-xy(12x+9y-5)$; $5pq(2+3p-4q)$; $6x^2y^2(4x^2-5)$

10. **a)** $9a(b+c)$; $5r(r-s)$; $7x(y+1)$

b) $4x(y+z)$; $17y^2(x-z)$; $r(9q^2+7t^2)$

c) $v(8u-w)$; $ab(0{,}5+c)$; $\frac{1}{12}y(x+z)$

d) $a(ab-c)$; $8y(100xy+3t^2)$; $9uv(2u-111)$

e) $5u(3v-t+4r-9v)$; $6s(2r-3t-5s-7rt)$; $\frac{1}{5}a(2b+2ac-4bc-1)$

f) $4a(2b+3a+15b^2)$; $25x^2(3xuv+5r^2-6x^2)$; $7s(6r+8t-5s+13rt)$

11. **a)** $6x^2z^3(4+3x^2yz^2)$

b) $3a^2bc(4a^2b+1)$

c) $4pq^5r^3(10p-3qr)$

d) $-6cd^2e(3ce+4d^2)$

e) $5a^2b^2c(3c-2a^2)$

f) $\frac{1}{2}uvw(u-3vw^2)$

g) $3u^4vw(-9v^4-8uv^3+1)$

h) $\frac{1}{8}rst(3-5r+7r^2s^2)$

i) $\frac{1}{2}efgh\left(\frac{1}{3}e^3f^4-\frac{5}{3}+efh^2\right)$

36

12. **a)** Der Term sollte so weit wie möglich durch Faktorisieren vereinfacht werden.

b) -

13. $u = 2(a+b)$

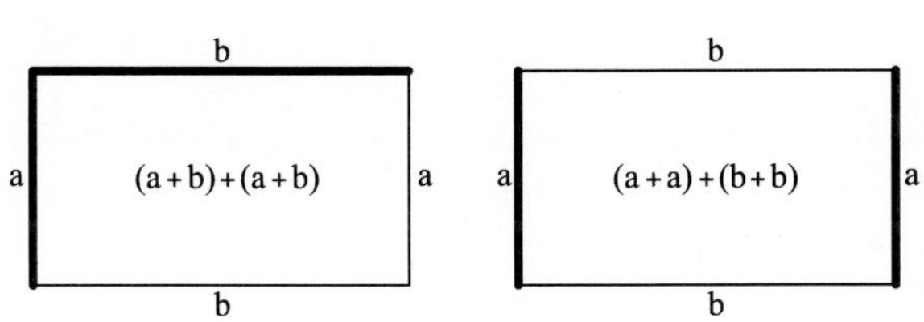

14. **a)** $16(x+y)$ **c)** $-6(5x-4y)$ **e)** $\frac{5}{3}(4u-11v)$

b) $26(x-y)$ **d)** $7(a+9b)$ **f)** $-\frac{3}{8}\left(\frac{r}{11}-\frac{s}{13}\right)$

36 **15.** **a)** $-3\,(-4 + x)$ **b)** $-x\,(1 - y)$ **c)** $-a\,(b + 8)$ **d)** $-3x\,(-3 + 4y)$ **e)** $(-a)\,(-a + b)$ **f)** $(-y)\,(y - x)$

16. **a)** $(-1)\,(5 + a)$

$(-1)\,(x + y)$

$(-1)\,(b + 7)$

b) $(-1)\left(r^2 + 9\right)$

$(-1)\,(ab - 20)$

$(-1)\left(x^2y + 11\right)$

c) $(-1)\,(x - y)$

$(-1)\,(4 - q)$

$(-1)\,(q - 4)$

d) $(-1)\,(-a + b)$

$(-1)\left(-x^2 + a^2\right)$

$(-1)\,(a + x)$

e) $(-1)\left(-x^2 + y^2 - 1\right)$

$(-1)\,(-a - b + c)$

$(-1)\left(-r + s^2 - rs\right)$

f) $(-1)\,(-u + 1{,}7 - v)$

$(-1)\left(-\frac{4}{5} - x - y\right)$

$(-1)\left(a - b + \frac{1}{2}\right)$

17. **a)** $-\,(8x + 3)$ **b)** $-\,(-3x + 2y)$ **c)** $-\,(8a - 5b)$ **d)** $-\,(-3x - 4y + 7z)$ **e)** $-\,(2a - 5b + 9c)$ **f)** $-\,(x + 2y + 3z)$

18. 1) $-(-5x + y + 7)$ 2) $-(-3a + 2b - 4)$ 3) $-(7x + 14y)$ 4) $-(-7a + 2x + 4y - 9)$

19. **a)** $O = 4ah + 2a^2$

b) $O = 2a(2h + a)$

Dies ist ein Rechteck mit den Seitenlängen 2a und 2h + a.

c) $O = 105 + 24{,}5 = 129{,}5$ $O = 7 \cdot (15 + 3{,}5) = 129{,}5$

1.7 Auflösen von zwei Klammern in einem Produkt

37 **2.** **a)** (1) $(a + b)\,(c + d)$ (2) $ad + bd + ac + bc$

b) 500 m²

c) Durch Anwenden von Rechengesetzen:

$(a + b)(c + d) = (a + b) \cdot e$ (für $c + d = e$)

$= a \cdot e + b \cdot e$ (Distributivgesetz)

$= a \cdot (c + d) + b \cdot (c + d)$ (für $e = c + d$)

$= a \cdot c + a \cdot d + b \cdot c + b \cdot d$ (Distributivgesetz)

38 **3.** **a)** Die Flächeninhalte der Teilflächen werden addiert. Flächeninhalte sind immer positiv.

b)

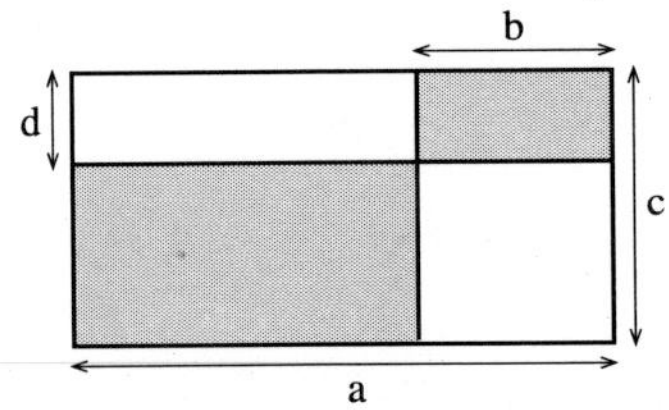

38

4. a) $xy + 4x + 7y + 28$
$ab - 3a + 9b - 27$
$ab - 8a - b + 8$

b) $ax + bx + ay + by$
$ux + vx - uy - vy$
$ux - vx - uy + vy$

c) $-2x - ax + 2y + ay$
$-ax + ay - bx + by$
$-u - v - ru - rv$

d) $xy + x - 2y - 2$
$ax - bx + ay - by$
$ac + ad + bc + bd$

5. a) Tom berechnet zuerst ein großes Rechteck und subtrahiert dann das zuviel berechnete.
Britta berechnet 2 schmale Rechtecke und subtrahiert einmal den überlappenden Anteil.

b) Tom: $A = a \cdot b - a \cdot b + a \cdot c + c \cdot b - c \cdot c$
Britta: $A = a \cdot c + b \cdot c - c \cdot c$

6. a) $10a - a^2 - 10b + ab$
$6a - 2ac + 3b - bc$
$4 + 4y - 5x - 5xy$
$8rs - 16rt + s^2 - 2st$
$54xz + 27x - 24yz - 12y$

c) $\frac{2}{5} - \frac{7}{5}r + r^2$
$\frac{1}{64} - t^2$
$3a^2 + 35\frac{5}{6}ab - 2b^2$
$\frac{14}{3}x^2 - 5xy + \frac{9}{7}y^2$

b) $40ac - 56ad - 15bc + 21bd$
$24a^2 - 73ab + 24b^2$
$3x^2 - 16xy + 5y^2$
$-3a^2 + 9a + 18ab - 54b$
$-a^2 + 3a - ab^2 + 3b^2$

7. a) $x^2 + 6,7x - 2,1$
$a^2 + 3a - 88$
$36 + 5x - x^2$

b) $-8a^2 + 4,2a - 0,45$
$4ax + a - 28x^2 - 7x$
$a^2 + ab - 2b^2$

c) $-x^2 - 3xy - 2y^2$
$2a^2 + 23ab + 63b^2$
$r^2 + rs - 2s^2$

8. a) $z^2 + 10z + zt + 3t + 21$
$ca^2 + da^2 - a^2 - ac - ad + a$
$-r^2 - ur + vr + rs^2 + us^2 - vs^2$

c) $14a^2 + 24ab - 8b^2$
$12x^2 - 29xy + 14y^2$
$6x^3 + 11x^2 - 12x - 5$

b) $a^2 - 4a + 2ab - b^2 + 4b$
$-rx + sx + tx - ry + sy + ty$
$au + bu - cu - av - bv + cv$

9. a) $12x^2 - 22,5xy + 2y^2$

b) $-2,5x^2 + 2y^2 - 2xy$

38

10. $(2x+3)(4-3x) = -6x^2 - x + 12$

$(2x+3)(x-y) = 2x^2 - 2xy + 3x - 3y$

$(2x+3)(2y-4) = 4xy - 8x + 6y - 12$

$(2x+3)(2y-3x) = 4xy - 6x^2 + 6y - 9x$

$(x+y)(4-3x) = 4x - 3x^2 + 4y - 3xy$

$(x+y)(x-y) = x^2 - y^2$

$(x+y)(2y-4) = 2xy - 4x + 2y^2 - 4y$

$(x+y)(2y-3x) = -xy - 3x^2 + 2y^2$

$(7-y)(4-3x) = 28 - 21x - 4y + 3xy$

$(7-y)(x-y) = 7x - 7y - xy + y^2$

$(7-y)(2y-4) = 18y - 28 - 2y^2$

$(7-y)(2y-3x) = 14y - 21x - 2y^2 + 3xy$

39

11. -

12.
- **a)** $6x^2 + 5xy$
- **b)** $5a^2 + 13a^3$
- **c)** $-2x^2 + 54y^2$
- **d)** $8 + 11x^2$
- **e)** $-a^2 - 11ab + 7b^2$
- **f)** $2a^2 + 77ab + 27b^2 - 6b - 18a$
- **g)** $24xy - x^2 - 15y^2$
- **h)** $47a^2 + 17b^2 - 57ab$
- **i)** $4 + x^3 + 2x^2y - xy^2 - y^3$
- **j)** $15pq^2 - 4pq + 3q^3$

13.
- **a)** $L = \{1\}$
- **b)** $L = \{-2\}$
- **c)** $L = \mathbb{Q}$
- **d)** $L = \{2\}$
- **e)** $L = \{10\}$
- **f)** $L = \{1\}$

14.
- **a)** $L = \frac{13}{7}$
- **b)** $L = \{x \in \mathbb{Q} \mid x > 10\}$
- **c)** $L = \{2\}$
- **d)** $L = \{-2\}$
- **e)** $L = \{b \in \mathbb{Q} \mid b \geq -7\}$
- **f)** $L = \{1\}$
- **g)** $L = \{-1\}$
- **h)** $L = \{x \in \mathbb{Q} \mid x \leq -6\}$
- **i)** $L = \{117\}$
- **j)** $L = \{3\}$
- **k)** $L = \{c \in \mathbb{Q} \mid c > -2\}$
- **l)** $L = \{0\}$

39

15. Richtig:

$$x^2 - (x+1)(x-3) = 7$$
$$x^2 - \left(x^2 - 3x + x - 3\right) = 7$$
$$x^2 - x^2 + 3x - x + 3 = 7$$
$$2x + 3 = 7$$
$$2x = 4$$
$$L = \{2\}$$

1.8 Binomische Formeln

41

1. a) (1) $A = (12+3)^2 = 225$ $\quad A = 12^2 + 3 \cdot 12 + 3 \cdot 12 + 3^2 = 225$

(2) Die Fläche $(a+b)^2$ setzt sich aus den Flächen a^2, $a \cdot b$, $a \cdot b$ und b^2 zusammen, also gilt: $(a+b)^2 = a^2 + 2ab + b^2$.

(3) Für rationale Zahlen p, q gilt:

$$\begin{aligned}(p+q)^2 = (p+q)(p+q) &= p \cdot (p+q) + q \cdot (p+q)\\ &= p^2 + pq + qp + q^2\\ &= p^2 + 2pq + q^2\end{aligned}$$

b) $(a-b)^2 = a^2 - 2ab + b^2$

2. -

3. a) $x^2 + 10x + 25$
$49 + 14x + x^2$
$u^2 + 2uv + v^2$
$p^2 + 2pq + q^2$

b) $x^2 - 12x + 36$
$81 - 18x + x^2$
$v^2 - 2vw + w^2$
$r^2 - 2rs + s^2$

c) $x^2 - 64$
$u^2 - 25$
$9 - r^2$
$x^2 - y^2$

d) $x^2 - 1{,}6x + 0{,}64$
$9x^2 - 12x + 4y^2$
$0{,}04x^2 - 0{,}4xy + y^2$
$\frac{1}{4}x^2 + \frac{2}{3}xy + \frac{4}{9}y^2$

4. Vgl. 1. Binomische Formel;
ein Gegenbeispiel zeigt: a = 1, b = 2: $(1+2)^2 = 9 \neq 1 + 4 = 5$

5. a) $(a-b)^2 = a^2 - 2ab + b^2$
b) $(a-b)^2 = a^2 - 2ab + b^2$
c) richtig
d) richtig
e) richtig
f) $(p+q)(p-q) = p^2 - q^2$
g) $(r+s)^2 = r^2 + 2rs + s^2$
h) $(r-s)^2 = r^2 - 2rs + s^2$
i) richtig
j) $(u+v)(v-u) = v^2 - u^2$

41

6. a) $4x^2+12x+9$

$9x^2+12xy+4y^2$

$0,25x^2-3x+9$

b) $2,25+3x+x^2$

$x^2-1,6x+0,64$

$a^2-10,24$

c) $0,04x^2-0,4xy+y^2$

$x^2+5xy+6,25y^2$

$x^2-0,01y^2$

d) $\frac{16}{25}-\frac{8}{5}y+y^2$

$\frac{1}{4}x^2+\frac{2}{3}xy+\frac{4}{9}y^2$

$\frac{1}{9}x^2-y^2$

7. a) $16-8x+x^2$

x^2-6x+9

$4+4x+x^2$

$1+2x+x^2$

b) $r^2-2rs+s^2$

$r^2+2rs+s^2$

$r^2-2rs+s^2$

$r^2+2rs+s^2$

c) $36x^2-12xy+y^2$

$16x^2-24xy+9y^2$

$25x^2+70xy+49y^2$

$9x^2-24xy+16y^2$

d) $9a^2-12ab+4b^2$

a^2-16b^2

$64u^2-49v^2$

$-36u^2+25v^2$

42

8. a) $9x^4+24x^2y+16y^2$

$16a^6-24a^3b+9b^2$

p^4-q^4

b) $4x^2-12x^2y+9x^2y^2$

$16c^4+16c^3d+4c^2d^2$

$4r^2s^2-9s^4$

c) $\frac{1}{9}a^4b^2-\frac{1}{6}a^3b^3+\frac{1}{16}a^2b^4$

$\frac{u^4}{16}+\frac{3}{2}u^3v+9u^2v^2$

$\frac{c^4d^2}{9}-\frac{c^2d^2}{4}$

9. a) $16a^2-81$ **b)** $16a^2+81$ **c)** $36a^2-97a+36$ **d)** $-16a^2+72a-81$ **e)** $16a^2+72a+81$ **f)** $16a^2-72a+81$

10. $(a-b)^2=a^2-2ab+b^2$

11. a) 6 561; 6 241; 6 399
b) 10 404; 9 604; 9 996
c) 1,0201; 0,9801; 0,9999

12. -

42

13. **a)** $5a^2+11ab+10b^2$
b) $50a^2+8ab+15b^2$
c) $13{,}25a^2+10ab+3{,}25b^2$
d) $13x^2+4xy$
e) $0{,}21x^2+0{,}46xy-0{,}07y^2$
f) $\frac{145}{4}a^2-6ab+\frac{37}{9}b^2$

14. **a)** $L=\{-0{,}5\}$
b) $L=\{-7\}$
c) $L=\{1\}$
d) $L=\left\{-\frac{3}{4}\right\}$
e) $L=\left\{\frac{1}{2}\right\}$
f) $L=\left\{\frac{131}{25}\right\}$
g) $L=\{-2\}$
h) $L=\{8\}$
i) $L=\{7\}$
j) $L=\{1\}$
k) $L=\left\{x\in\mathbb{Q}\mid x>\frac{1}{2}\right\}$
l) $L=\{t\in\mathbb{Q}\mid t\geq 1\}$

15. Z. B.: Wie groß war das ursprüngliche Grundstück?
$(x-2)^2=x^2-120$; $x=31$
Das Grundstück war 961 m² groß.

1.9 Faktorisieren einer Summe

43

2. **a)** (1) $x^2+2xy+y^2=(x+y)^2$
(2) $u^2+10u+25=(u+5)^2$
(3) $4a^2-12ab+9b^2=(2a-3b)^2$
(4) $m^2-2mn+n^2=(m-n)^2$
(5) $p^2+4p+4=(p+2)^2$
(6) $9u^2-24uv+16v^2=(3u-4v)^2$

b) Der gesuchte Flächeninhalt ist y^2.

3. **a)** $3x+ax+3y+ay=3(x+y)+a(x+y)=(3+a)(x+y)$
b) $28xy-4x+21y-3=4x(7y-1)+3(7y-1)=(4x+3)(7y-1)$
c) $4ac+4ad-3b(c+d)=(4a-3b)(c+d)$

4. **a)** $(c+d)^2$
b) $(e-2f)^2$
c) $(g+h)(g-h)$
d) $(2u-3v)^2$
e) $(3z-4)^2$
f) $\left(\frac{1}{2}x+\frac{1}{3}y\right)\left(\frac{1}{2}x-\frac{1}{3}y\right)$

44

5.

a)	b)	c)	d)
$(u+v)(u-v)$	$(x+y)^2$	$(a+10)^2$	$(5-x)^2$
$(r+11s)(r-11s)$	$(r-s)^2$	$(x-10)^2$	$(6+b)$
$(1+4a)(1-4a)$	$(x+7)^2$	$(a-1)^2$	$(10-x)^2$
$(k+25)(k-25)$	$(u-v)^2$	$(x+7)^2$	$(k-25)(k+25)$

6. **a)** $x^2-a^2=(x+a)(x-a)$
b) richtig
c) $4u^2+16uv+16v^2=(2u+4v)^2$
d) $\left(\frac{1}{4}p^2-2pq+4q^2\right)^2=\left(\left(\frac{1}{2}p-2q\right)^2\right)^2$

44

7. a) $x^2 + 2xy + y^2 = (x + y)^2$

$a^2 + 12a + 36 = (a + 6)^2$

$1 - 2r + r^2 = (1 - r)^2$

b) $a^2 + 2ab + b^2 = (a + b)^2$

$x^2 - 8x + 16 = (x + (-4))^2$

$324 + 36b + b^2 = (18 + b)^2$

c) $a^2 + 6ab + 9b^2 = (a + 3b)^2$

$x^2 + 5xy + 6{,}25y^2 = (x + 2{,}5y)^2$

$r^2 - 2{,}4rs + 1{,}44s^2 = (r - 1{,}2s)^2$

d) $4x^2 + 12xy + 9y^2 = (2x + 3y)^2$

$25a^2 - 70ab + 49b^2 = (5a - 7b)^2$

$100r^2 + 180rs + 81s^2 = (10r + 9s)^2$

8. -

9. a) $7\left(a^2 + 2ab + b^2\right) = 7(a + b)^2$

$8\left(a^2 - 12{,}25b^2\right) = 8(a + 3{,}5)(a - 3{,}5)$

$5\left(9x^2 + 6xy + y^2\right) = 5(3x + y)^2$

b) $24\left(a^2 - 5ab + 6{,}25b^2\right) = 24(a - 2{,}5b)^2$

$108\left(a^2 + 2\tfrac{1}{3}xy + 1\tfrac{13}{16}y^2\right) = 108\left(a + \tfrac{7}{6}b\right)^2$

$320\left(\tfrac{49}{16}u^2 - v^2\right) = 320\left(\tfrac{7}{4}u + v\right)\left(\tfrac{7}{4}u - v\right)$

c) $11\left(a^2 + 4ab + 4b^2\right) = 11(a + 2b)^2$

$900\left(\tfrac{16}{9}x^2 - \tfrac{8}{3}xy + y^2\right) = 900\left(\tfrac{4}{3}x - y\right)^2$

$500\left(r^2 - 25s^2\right) = 500(r + 5s)(r - 5s)$

10. a) $z^2 - 2zw + w^2 = (z - w)^2$

$x^2 - 8x + 16 = (x - 4)^2$

$16p^2 + 8pq + q^2 = (4p + q)^2$

b) $4c^2 + 12cd + 9d^2 = (2c + 3d)^2$

$25a^2 + 80ab + 64b^2 = (5a + 8b)^2$

$9w^2 - 20vw + \tfrac{100}{9}v^2 = \left(3w - \tfrac{10}{3}v\right)^2$

c) $z^2 + z + \tfrac{1}{4} = \left(z + \tfrac{1}{2}\right)^2$

$x^4 + 2x^2 + 1 = \left(x^2 + 1\right)^2$

$9u^2v^4 - u^2v^2 + \tfrac{1}{36}u^2 = \left(3uv^2 - \tfrac{1}{6}u\right)^2$

44 **10. d)** $\frac{4}{9}p^2 + \frac{2}{3}p + \frac{9}{16} = \left(\frac{2}{3}p + \frac{3}{4}\right)^2$

$\frac{9}{16}a^2 + b + \frac{4b^2}{9a^2} = \left(\frac{3}{4}a + \frac{2b}{3a}\right)^2$

$c^4d^2 - \frac{2}{3}c^2d + \frac{1}{9} = \left(c^2d - \frac{1}{3}\right)^2$

11. a) (r + s) (p + q)
b) (b + c) (a − 2)
c) (d + 2) (e + 3)
d) (u + 2) (2v − 1)

Im Blickpunkt:
Pascal'sches Dreieck – Potenzieren von Summen

45 **1. a)** $(a+b)^2(a+b)$
$= \left(a^2 + 2ab + b^2\right)(a+b)$
$= a^3 + a^2b + 2a^2b + 2ab^2 + ab^2 + b^3$
$= a^3 + 3a^2b + 3ab^2 + b^3$

b) (1) $p^3 + 3p^2q + 3pq^2 + q^3$
(2) $a^3 + 6a^2 + 12a + 8$
(3) $u^3 + 6u^2v + 12uv^2 + 8v^3$
(4) $8m^3 + 36m^2n + 54mn^2 + 27n^3$
(5) $27x^6 + 135x^4z + 225x^2z^2 + 125z^3$
(6) $a^3 - 3a^2b + 3ab^2 - b^3$
(7) $u^3 - 9u^2 + 27u - 27$
(8) $8a^3 - 48a^2 + 96a - 64$
(9) $64p^3 - 144p^2q + 108pq^2 - 27q^3$

2. a) (1) In der jeweiligen Zeile, beginnend mit der 0. Zeile
(2) 1
(3) 1; 4; 6; 4; 1

b) Jede Zeile enthält eine Zahl mehr als die Zeile davor. An der ersten und letzten Stelle steht eine 1. Die anderen Zahlen ergeben sich als Summe der darüber stehenden beiden Zahlen.

1
1 1
1 2 1
1 3 3 1
1 4 6 4 1
1 5 10 10 5 1
1 6 15 20 15 6 1
1 7 21 35 35 21 7 1
1 8 28 56 70 56 28 8 1
1 9 36 84 126 126 84 36 9 1
1 10 45 120 210 252 210 120 45 10 1

45

2. **c)** Man erhält auch immer einen Summanden mehr. Der erste und letzte Vorfaktor ist jeweils eine 1. Die anderen Vorfaktoren sind die Summe der darüber stehenden beiden Vorfaktoren.

d) (1) $a^4 + 4a^3b + 6a^2b^2 + 4ab^3 + b^4$

(2) $a^5 + 5a^4b + 10a^3b^2 + 10a^2b^3 + 5ab^4 + b^5$

(3) $a^6 + 6a^5b + 15a^4b^2 + 20a^3b^3 + 15a^2b^4 + 6ab^5 + b^6$

46

3. **a)** $a^6 + 6a^5b + 15a^4b^2 + 20a^3b^3 + 15a^2b^4 + 6ab^5 + b^6$

$x^7 + 7x^6y + 21x^5y^2 + 35x^4y^3 + 35x^3y^4 + 21x^2y^5 + 7xy^6 + y^7$

$p^9 + 9p^8q + 36p^7q^2 + 84p^6q^3 + 126p^5q^4 + 126p^4q^5 + 84p^3q^6$

$+ 36p^2q^7 + 9pq^8 + q^9$

b) $a^5 - 5a^4b + 10a^3b^2 - 10a^2b^3 + 5ab^4 - b^5$

$x^6 - 6x^5y + 15x^4y^2 - 20x^3y^3 + 15x^2y^4 - 6xy^5 + y^6$

$p^9 - 9p^8q + 36p^7q^2 - 84p^6q^3 + 126p^5q^4 - 126p^4q^5 + 84p^3q^6$

$-36p^2q^7 + 9pq^8 - q^9$

c) $27a^3 + 27a^2 + 9a + 1$

$64x^3 + 96x^2 + 48x + 8$

$32c^5 + 240c^4d + 720c^3d^2 + 1080c^2d^3 + 810cd^4 + 243d^5$

d) $x^4 - 12x^3y + 54x^2y^2 - 108xy^3 + 81y^4$

$1024z^5 - 1280z^4w + 640z^3w^2 - 160z^2w^3 + 20zw^4 - w^5$

$64x^6 - 576x^5y + 2160x^4y^2 - 4320x^3y^3 + 4860x^2y^4 - 2916xy^5 + 729y^5$

e) $a^3 + 3a^2b^2 + 3ab^4 + b^6$

$a^8 - 4a^6b^2 + 6a^4b^4 - 4a^2b^6 + b^8$

$32p^5 - 240p^4q^2 + 720p^3q^4 - 1080p^2q^6 + 810pq^8 - 243q^{10}$

4. Die n-te Summe beträgt 2^n. Also ist in der elften Zeile die Koeffizientensumme 2 048.

5. Man erhält wieder die Zahlen des Pascal'schen Dreiecks.

6. Ab der 4. Zeile kommen bis zur n-ten Zeile gegenüber (n – 1)-ten Zeile immer (n – 2) Rauten hinzu. Bis zur n-ten Zeile erhält man also
1 + 2 + 3 + ... + (n – 3) + (n – 2) Rauten.
In der 102. Zeile erhält man als Anzahl
1 + 2 + 3 + ... + 99 + 100 = 50 · 101 = 5050, also 5050 Rauten.

46 **7. a)**

b) Die Summe aus zwei ungeraden Zahlen ist gerade.
Die Summe aus zwei geraden Zahlen ist gerade.
Die Summe aus einer ungeraden Zahl und einer geraden Zahl ist ungerade.
Unterhalb zweier gefärbter Felder ist also ein ungefärbtes Feld.
Unterhalb zweier ungefärbter Felder ist also ein ungefärbtes Feld.
Unterhalb eines ungefärbten und eines gefärbten Feldes liegt ein gefärbtes Feld.

c) Alle Steine gefärbt: z. B.: 1. Zeile, 2. Zeile, 4. Zeile; 8. Zeile; 16. Zeile; ..., also alle 2^n-ten Zeilen.
Alle Steine nicht gefärbt: ist nicht möglich, weil alle Zeilen mit einer 1 beginnen und enden. Dann wären auch alle folgenden Zeilen ungefärbt (s. Teilaufgabe b).

d) Von links nach rechts zwei gefärbte, zwei ungefärbte, zwei gefärbte Felder.

1.10 Mischungs- und Bewegungsaufgaben

1.10.1 Mischungsaufgaben

47 **1.** x: Volumen des 50%igen Nektars (in ℓ)

	Volumen (in ℓ)	Anteil des reinen Saftes als Bruch	Volumen des reinen Saftes (in ℓ)
90%iger Nektar	5 000	$\frac{90}{100}$	4 500
50%iger Nektar	x	$\frac{50}{100}$	$x \cdot 0{,}5$
zusammen	5 000 + x	$\frac{75}{100}$	?????

Gleichung: $(5\,000 + x) \cdot 0{,}75 = 4\,500 + 0{,}5x$ *Lösung:* $x = 3\,000$

48 **2.** x: Anteil des Alkohols in der Mischung
Gleichung: $40 \cdot 0{,}3 + 60 \cdot 0{,}2 = 100 \cdot x$ *Lösung:* $x = 0{,}24$
Antwort: Die Mischung hat 24 % Alkohol.

3. x: Anteil des Fruchtsafts in der zweiten Sorte
Gleichung: $500 \cdot 0{,}7 + 800 \cdot x = 1\,300 \cdot 0{,}6$ *Lösung:* $x = 0{,}5375$
Antwort: Die zweite Sorte enthält 53,75 % Fruchtsaft.

4. x: Preis für 1 ℓ Motorenöl (in €)
Gleichung: $150 \cdot 1{,}40 + 3 \cdot x = 153 \cdot 1{,}7$ *Lösung:* $x = 10{,}07$
Antwort: 1 Liter Motoröl kostet 10,07 €.

5. x: Preis für 1 kg der anderen Sorte (in €)
Gleichung: $20 \cdot 10{,}50 + 6 \cdot x = 26 \cdot 12{,}00$ *Lösung:* $x = 17{,}00$
Antwort: 1 kg der anderen Sorte kostet 17,00 €.

6. a) x: Gewicht der 15%igen Essigsäure (in g)
Gleichung: $400 \cdot 0{,}6 + x \cdot 0{,}15 = (400 + x) \cdot 0{,}5$
Lösung: $x = 114\tfrac{2}{7} \approx 114{,}3$
Antwort: Man benötigt ungefähr 114,3 g der 15%igen Essigsäure.

b) x: Konzentration der Essigsäure
Gleichung: $400 \cdot 0{,}6 + 200 \cdot x = 600 \cdot 0{,}5$
Lösung: $x = 0{,}3$
Antwort: Die Essigsäure muss 30%ig sein.

7. x: Anzahl der Goldmünzen (zu 7,964 g)
Gleichung: $x \cdot 7{,}964 \cdot 0{,}9 = (x \cdot 7{,}964 + 500) \cdot 0{,}7$
Lösung: $x = 219\tfrac{1471}{1991} \approx 219{,}7$
Antwort: Man benötigt 220 Goldmünzen.

1.10.2 Bewegungsaufgaben

49 **1. a)** x: Zeit, die das erste Auto fährt, bis es vom zweiten Auto überholt wird (in Stunden)
Gleichung: $100 \cdot x = 120 \cdot (x - 0{,}5)$ *Lösung:* $x = 3$
Antwort: Das erste Auto wird nach 3 Stunden überholt. Das zweite Auto ist dann $2\tfrac{1}{2}$ Stunden gefahren.

b) Der Treffpunkt ist 300 km von Mainz entfernt.

50 **2. a)** t: Zeit bis zum Treffpunkt (in Stunden)
Gleichung: $14 \cdot t + 16 \cdot t = 15$ *Lösung:* $t = 0{,}5$
Antwort: Die Radfahrer treffen sich nach einer halben Stunde.

b) Der Treffpunkt ist 7 km von Bingen und 8 km von Bad Kreuznach entfernt.

50

3. **a)** t: Zeit, die das Frachtschiff benötigt, bis es vom Schnelldampfer eingeholt wird (in Stunden)
Gleichung: $21 \cdot t = 28 \cdot (t - 36)$ *Lösung:* $t = 144$
Antwort: Das Frachtschiff wird nach 144 Stunden (also nach 6 Tagen) eingeholt. Der Schnelldampfer ist dann 108 Stunden (also $4\frac{1}{2}$ Tage) unterwegs.

b) *Rechnung:* 21 Knoten · 144 h = 3 024 sm ≈ 5 600 km
Antwort: Der Treffpunkt ist 3 024 Seemeilen, also etwa 5 600 km von New York entfernt.

4. **a)** t: Zeit, die das Postflugzeug von Hannover bis zum Treffpunkt geflogen ist (in Stunden)
Gleichung: $480 \cdot t + 320 \cdot \left(t - \frac{1}{6}\right) = 240$ *Lösung:* $t = \left\{\frac{22}{60}\right\}$
Antwort: Die Flugzeuge begegnen sich um 10.22 Uhr.

b) Das Postflugzeug aus Hannover hat 174 km, das Postflugzeug aus Berlin 64 km zurückgelegt.

5. **a)** Der Sonderzug fährt mit einer Geschwindigkeit von 130 $\frac{km}{h}$.
x: Zeit, die der Sonderzug bis zum Überholpunkt benötigt (in Stunden)
Gleichung: $130 \cdot x = 60 \cdot \left(x + \frac{1}{6}\right)$ *Lösung:* $x = \frac{1}{7}$
Antwort: Der Sonderzug überholt den Güterzug nach $\frac{1}{7}$ Stunden, also nach gut $8\frac{1}{2}$ Minuten.

b) Sie sind noch ungefähr 111 km von Koblenz entfernt.

6. **a)** x: Geschwindigkeit des zweiten Autos (in $\frac{km}{h}$)
Gleichung: $80 \cdot 4 + x \cdot 4 = 500$ *Lösung:* $x = 45$
Antwort: Das zweite Auto fährt mit einer Geschwindigkeit von 45 $\frac{km}{h}$.

b) Der Treffpunkt ist 320 km von Trier und 180 km von Weimar entfernt.

7. **a)** x: Zeitunterschied zwischen Abfahrtszeit des zweiten Radfahrers und Abfahrtzeit des ersten Radfahrers (in Stunden)
Gleichung: $18 \cdot \left(x + \frac{5}{20}\right) = 15$ *Lösung:* $x = \frac{7}{12}$
Antwort: Der zweite Radfahrer ist $\frac{7}{12}$ Stunden, also 35 Minuten früher abgefahren, das war um 9.25 Uhr.

b) Der eine ist 15 Minuten, der andere 50 Minuten gefahren.

Auf den Punkt gebracht: Öffne den Blick – löse Probleme

51 **1.** Wenn Herr Schmitz Herrn Krause hinterher fährt, benötigt er 37,5 Minuten, wenn er ihm entgegenfährt nur knapp 32 Minuten (genauer 31,875 min).

52 **2. a)** Z. B. Umfang eines Dreiecks; Dreiecksungleichung, …

b) Wir beschreiben das Finden des Dreiecks ABC mithilfe eines dynamischen Geometrieprogramms.

(1) Wir konstruieren ein Dreieck AB'C' mit den Seitenlängen $|AB'| = c + a = 21$ cm, $|B'C'| = a + b = 18$ cm, $|AC'| = c + b = 24$ cm. Wir wählen auf der Seite $\overline{AB'}$ einen Punkt B.

(2) Wir zeichnen um A einen Kreis mit dem Radius $|AB|$; den Schnittpunkt mit der Seite $\overline{AC'}$ nennen wir D. Es gilt: $|AB| = |AD|$.

(3) Wir zeichnen um B' einen Kreis mit dem Radius $|B'B|$; den Schnittpunkt mit der Seite B'C' nennen wir E. Es gilt: $|B'B| = |B'E|$.

(4) Wir zeichnen um C' einen Kreis mit dem Radius $|C'D|$; den Schnittpunkt mit der Seite $|C'B'|$ nennen wir F. Es gilt: $|C'D| = |C'F|$.

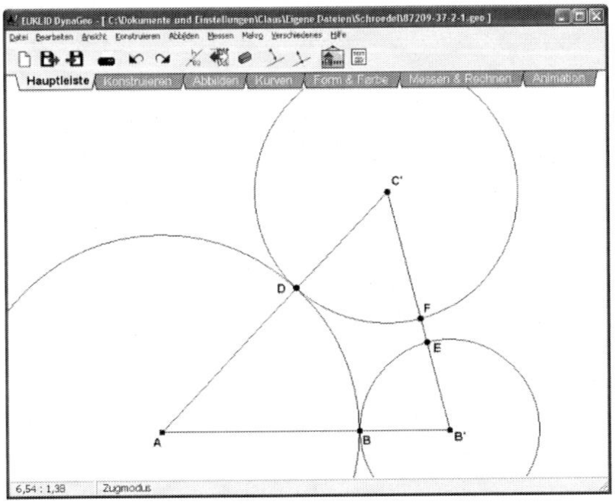

Wir möchten nun erreichen, dass $|AB| = c$ und $|BB'| = a$ ist. Dann wäre auch $|AD| = c$ und $|DC'| = b$. Ebenso wäre $|B'E| = a$ und $|C'F| = b$. Da $a + b = |B'C'|$ gilt, muss dann E = F sein.

52 **2. b)** (5) Wir ziehen am Punkt B und lassen ihn auf der Seite $\overline{AB'}$ wandern, bis die Punkte E und F zusammenfallen.

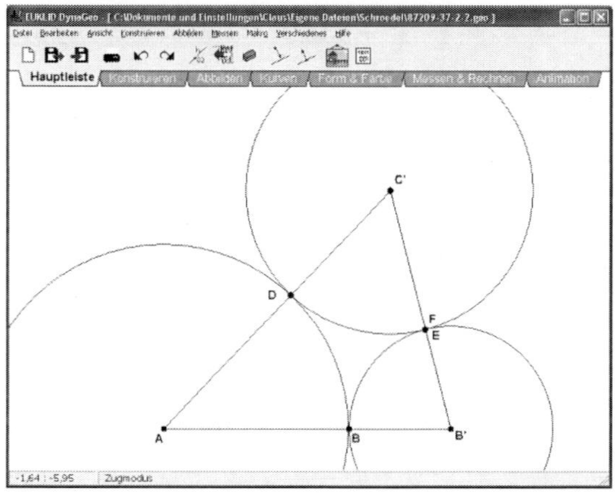

Wir wissen also nun: $a = |B'B|$, $b = |C'D|$ und $c = |AB|$.

Wir suchen nun ein Dreieck ABC mit den Seitenlängen a, b und c.

(6) Wir nehmen die Strecke $\overline{AB}$ als Seite c des Dreiecks und zeichnen um B einen Kreis mit dem Radius $|BB'| = a$. Der dritte Eckpunkt C liegt auf diesem Kreis.

(7) Wir zeichnen um A einen Kreis mit dem Radius $|C'D| = b$. Der dritte Eckpunkt C liegt auch auf diesem Kreis, ist also der Schnittpunkt dieses Kreises mit dem Kreis aus (6).

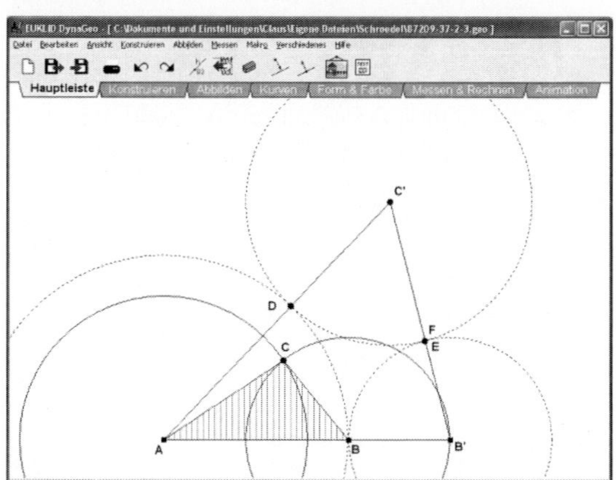

ABC ist das gesuchte Dreieck mit den Seitenlängen a, b und c. Durch Messen erhalten wir: $a \approx 7{,}5$ cm; $b \approx 10{,}5$ cm; $c \approx 13{,}5$ cm

52

2. c)

a (in cm)	b (in cm)	c (in cm)	a + b (in cm)	a + c (in cm)	b + c (in cm)	
1	17	20	18	21	37	falsch
2	16	19	18	21	35	falsch
3	15	18	18	21	33	falsch
4	14	17	18	21	31	falsch
5	13	16	18	21	29	falsch
6	12	15	18	21	27	falsch
7	11	14	18	21	25	falsch
8	10	13	18	21	23	falsch
7,5	10,5	13,5	18	21	24	richtig

d) u = 31,5 cm
Durch Umformen der gegebenen Längen zweier Seiten erhält man:
$b = 18 - a$ und $c = 21 - a$.
Daraus folgt:
$a + b + c = a + 18 - a + 21 - a = -a + 39 = 31,5$; also
$a = 7,5$ cm, $b = 10,5$ cm, $c = 13,5$ cm.

3. $1 \xleftarrow{2+1} 4 \xleftarrow{5+1} 10 \xleftarrow{11+1} 22 \xleftarrow{23+1} 46 \xleftarrow{47+1} 94 \xleftarrow{95+1} 190 \xleftarrow{191+1} 382$
Am Anfang hatte er 382 Äpfel.

4. a) Es sind noch 18 Lakritzbonbons übrig, davon erhält Fabian 12 und Babette 6.

b) Das andere Windrad benötigt 6 Sekunden für eine volle Umdrehung.
Das schnelle Rotorblatt legt in 1 Sekunde $\frac{1}{3}$ Umdrehungen, das langsame $\frac{1}{6}$ Umdrehungen zurück.
Man kann die Aufgabe z. B. mit einer Tabelle lösen.
Wir betrachten dabei zum Zeitpunkt 0 das nach oben stehende Rotorblatt des schnelleren Windrads und das um $\frac{1}{3}$ Umdrehung nach rechts stehende Rotorblatt des langsameren Windrads.
(1) Beide Rotorblätter sind gegenläufig

Zeit (in s)	Umdrehung des 1. Rotorblatts	Umdrehung des 2. Rotorblatts	Ergebnis
0	0	$\frac{1}{3}$	$0 < \frac{1}{3}$
1	$\frac{1}{3}$	$\frac{1}{6}$	$\frac{1}{3} > \frac{1}{6}$
$\frac{1}{2}$	$\frac{1}{6}$	$\frac{1}{4}$	$\frac{1}{6} < \frac{1}{4}$
$\frac{3}{4}$	$\frac{1}{4}$	$\frac{5}{24}$	$\frac{1}{4} > \frac{5}{24}$
$\frac{2}{3}$	$\frac{2}{9}$	$\frac{2}{9}$	richtig

Nach $\frac{2}{3}$ Sekunden sind die beiden Rotorblätter übereinander, also sind auch alle drei Rotorblätter übereinander.

52

4. b) (2) Beide Rotorblätter laufen in dieselbe Richtung

Zeit (in s)	Umdrehung des 1. Rotorblatts	Umdrehung des 2. Rotorblatts	Ergebnis
0	0	$\frac{1}{3}$	$0 < \frac{1}{3}$
1	$\frac{1}{3}$	$\frac{3}{6} = \frac{1}{2}$	$\frac{1}{3} < \frac{1}{2}$
2	$\frac{2}{3}$	$\frac{4}{6} = \frac{2}{3}$	richtig

Nach 2 Sekunden sind die Rotorblätter wieder übereinander.

c) Für n > 1 erhält man:
Anzahl der Würfel mit drei blauen Seiten: 8
Anzahl der Würfel mit zwei blauen Seiten: $8\,(n-2) = 12n - 24$
Anzahl der Würfel mit einer blauen Seite: $6\,(n-2)^2 = 6n^2 - 24n + 24$
Anzahl der Würfel mit keiner blauen Seite: $(n-3)^3 = n^3 - 6n^2 + 12n - 8$
Man erhält folgende Werte für n = 2 bis 10:

	Anzahl der Würfel mit … blauen Steine				Gesamtanzahl
n	3	2	1	0	
2	8	0	0	0	8
3	8	12	6	1	27
4	8	24	24	8	64
5	8	36	54	27	125
6	8	48	96	64	216
7	8	60	150	125	343
8	8	72	216	216	512
9	8	84	294	343	729
10	8	96	384	512	1 000

1.11 Umformen von Formeln

53 **1.** -

54 **2.** (1) a = 5,5 cm (2) b = 3,4 cm (3) a = 9,5 cm

3. $a = \frac{O-2bc}{2b+2c}$ $\left[b = \frac{O-2ac}{2a+2c};\; c = \frac{O-2ab}{2a+2b}\right]$

a) c = 4,1 **b)** b = 2,9 **c)** c = 6,0

4. L = 4B + 4H + 4T = 4(B + H + T). Dabei ist L die Gesamtlänge.
$B = \frac{L-4H-4T}{4}$
$\left[T = \frac{L-4B-4H}{4};\; H = \frac{L-4B-4T}{4}\right]$

54

5. $a = \frac{V}{bc}$ $\left[b = \frac{V}{ac};\ c = \frac{V}{ab}\right]$

(1) a = 37,5 m (2) b ≈ 45,7 cm

6. **a) b) c)** 0,075 · x = (ungerundete) Anzahl Bonuspunkte

Einkauf (in €)	Bonuspunkte	Bonuspunkte (gerundet)
19,95	1,49625	1
37,35	2,80125	2
259	19,425	19
79,53	5,96475	5
32,56	2,442	2
49,87	3,74025	3
197,45	14,80875	14
299	22,425	22
275,89	20,69175	20

d) Sie muss noch für 173,34 € einkaufen.

e) $x = \frac{\text{Anzahl Bonuspunkte}}{0{,}075}$

7. **a) b) c)** $P_o = P_m \cdot 0{,}81$;
P_o: Preis ohne Mehrwertsteuer; P_m: Preis mit Mehrwertsteuer

P_m (in €)	P_o (in €)
298,00	241,38
239,00	193,59
199,95	161,96
159,00	128,79
395,00	319,95
99,99	80,99

1.12 Gleichungen vom Typ $T_1 \cdot T_2 = 0$

55

1. **a)** L = {4; 9}
L = {5; –3}
L = {–7; –6}
L = {8; 3}

b) L = {1,5; 2}
L = {–4; 3,7}
L = {–1,1; –6,6}
L = {4,5; –0,2}

c) L = {0; 10}
L = {0; –25}
L = {0; 3,5}
L = {0; 0,1}

2. **a)** L = {2; –4}
L = {11; 4}
L = {0; 5}
L = {11; 8}
L = {0,5; –3}

b) L = {–3; 7}
L = {3; 5}
L = {–1; –3}
L = {3}
L = {–7; 7}

c) $L = \left\{0;\ \frac{5}{2}\right\}$
$L = \left\{0;\ -\frac{12}{5}\right\}$
$L = \left\{0;\ \frac{3}{2}\right\}$
$L = \left\{0;\ -\frac{8}{5}\right\}$
L = {0; 5}

55

3. *Beispiele:*

a) $(x-4)(x-8)=0$
b) $(x+7)(x-3)=0$
c) $(x+2)(x+5)=0$
d) $(x-6)x=0$
e) $\left(x-\frac{3}{4}\right)\left(x+\frac{1}{2}\right)=0$

56

4. Tina: richtig
Tobias: richtig
Tom: L = {3}
Urs: L = {3} (s. Tobias)

5. **a)** L = {0; 7}
L = {0; −5}
L = {0; 4}
L = {0; −11}

b) L = {−3; 3}
L = {−8; 8}
L = {−5; 5}
L = {−7; 7}

c) L = {0; 2}
L = {0; −13}
L = {0; 6}
L = {0; −5}

d) L = {−2; 2}
L = {−1; 1}
L = {−2; 2}
L = {−3; 3}

e) $L=\left\{0;\ \frac{4}{5}\right\}$
$L=\left\{0;\ -\frac{3}{10}\right\}$
$L=\left\{0;\ -\frac{4}{9}\right\}$
L = {0; 10}

f) L = {−0,2; 0,2}
L = {−1,4; 1,4}
$L=\left\{-\frac{3}{4};\ \frac{3}{4}\right\}$
$L=\left\{-\frac{5}{8};\ \frac{5}{8}\right\}$

g) $L=\left\{0;\ -\frac{5}{3}\right\}$
$L=\left\{0;\ \frac{1}{7}\right\}$
$L=\left\{0;\ \frac{4}{11}\right\}$
$L=\left\{0;\ -\frac{3}{2}\right\}$

h) L = {−4; 4}
L = {−5; 5}
L = {−0,3; 0,3}
L = {−3; 3}

6. **a)** L = {a; 7}
b) L = {−s; p}
c) L = {−r; −s}
d) L = {0; a}
e) $L=\left\{\frac{r}{2};\ 5\right\}$
f) $L=\left\{\frac{c}{3};\ -\frac{c}{4}\right\}$

7. **a)** L = {2}
L = {−5}
$L=\left\{\frac{3}{2}\right\}$

b) L = {−2,5}
L = {−0,5}
L = {−0,1}

c) L = {−12}
L = {0,1}
$L=\left\{-\frac{1}{6}\right\}$

d) L = {0; 7}
L = {0; −2}
L = {0}

e) $L=\left\{0;\ -\frac{7}{6}\right\}$
$L=\left\{0;\ -\frac{236}{35}\right\}$
$L=\left\{0;\ -\frac{7}{12}\right\}$

f) $L=\left\{0;\ \frac{7}{10}\right\}$
$L=\left\{0;\ \frac{1}{16}\right\}$
$L=\left\{0;\ -\frac{5}{6}\right\}$

8. **a)** $(3x-21)(5x-25)=0$
b) $(2x+(-16))(4x-12)=0$
c) $(7x-0)(3x+9)=0$
d) $(-7x+7)\,8x=0$
e) $(10x-1)(x+6)=0$
f) $(2x+8)(x+4)=0$

9. **a)** $L=\left\{\frac{1}{2}\right\}$ **b)** $L=\left\{\frac{1}{4}\right\}$ **c)** $L=\left\{-\frac{4}{3}\right\}$ **d)** L = {6}

1.13 Aufgaben zur Vertiefung

57

1. a) Man erhält alle geraden Zahlen.

b) 2n – 1 [2n + 1]

c) $(n+1)^2 - n^2 = 2n+1$ Dies sind alle ungeraden Zahlen ab 3.

2. a) (1) Die Anzahl der Punkte sind ein Vielfaches von 4.

(2) Bei n Punkten pro Seite sind es insgesamt (n – 1) · 4 Punkte.

b) Es sind 3n Punkte.

3. a) Das Produkt aus einer natürlichen Zahl n und der übernächsten natürlichen Zahl (n + 2) ist $n^2 + 2n$.

b) Summe der Quadrate: $n^2 + (n+1)^2 = n^2 + n^2 + 2n + 1 = 2n^2 + 2n + 1$

Doppeltes Produkt: $2 \cdot (n \cdot (n+1)) = 2 \cdot (n^2 + n) = 2n^2 + 2n$

4. a)
$$\begin{aligned}(a+b+c)^2 &= (a+b+c)(a+b+c)\\ &= a^2 + ab + ac + ab + b^2 + bc + ac + bc + c^2\\ &= a^2 + b^2 + c^2 + 2ab + 2ac + 2bc\end{aligned}$$

b) Für rationale Zahlen r, s und t gilt:
$$\begin{aligned}(r+s+t)^2 &= (r+s+t)(r+s+t)\\ &= r \cdot (r+s+t) + s \cdot (r+s+t) + t \cdot (r+s+t)\\ &= r^2 + rs + rt + rs + s^2 + st + rt + st + t^2\\ &= r^2 + s^2 + t^2 + 2rs + 2rt + 2st\end{aligned}$$

c) (1) $a^2 + b^2 + c^2 - 2ab + 2ac - 2bc$

(2) $a^2 + b^2 + c^2 + 2ab - 2ac - 2bc$

(3) $16a^2 + 4b^2 + 9c^2 + 16ab + 24ac + 12bc$

(4) $49a^2 + 4b^2 + 64c^2 - 28ab - 112ac + 32bc$

(5) $p^4 - 6p^3 + 11p^2 - 6p + 1$

(6) $4a^4 + b^4 + 9c^2 + 4a^2b^2 + 12a^2c + 6b^2c$

d) -

5. a) blau: $\frac{2a^2}{2} - \frac{a^2}{2} - \frac{a^2}{4} = \frac{a^2}{4}$ $\left[\text{silber}: \; 2a^2 - \frac{a^2}{4} = \frac{7}{4}a^2\right]$

b) blau: A = 1 cm² $\left[A = \frac{25}{4}\text{ cm}^2 = 6{,}26\text{ cm}^2;\; A = 225\text{ cm}^2\right]$

silber: A = 7 cm² $\left[A = \frac{175}{4}\text{ cm}^2 = 43{,}75\text{ cm}^2;\; A = 1575\text{ cm}^2\right]$

Bleib fit im …
Umgang mit Flächen- und Volumenberechnungen

59

1. (1) $A = 4\ cm^2$ (2) $A = 7\ cm^2$

2. Quader links: $O = 258\ cm^2$ $V = 270\ cm^3$
Würfel rechts: $O = 216\ cm^2$ $V = 216\ cm^3$
Für den linken Quader braucht man mehr Pappe und auch das Volumen ist größer.

3. **a)** 1 cm sind 10 mm.
Damit ergibt sich: $1\ cm^2 = 10\ mm \cdot 10\ mm = 100\ mm^2$.
Also ist $1\ cm^2 = 100\ mm^2$.
b) 1 cm sind 10 mm.
Damit ergibt sich: $1\ cm^3 = 10\ mm \cdot 10\ mm \cdot 10\ mm = 1\,000\ mm^3$.
Also sind $1\,000\ mm^3 = 1\ cm^3$.

60

4. **a)** $30\,600\,000\ m^2 = 306\ m \cdot 100\,000\ m$
b) $19\,853\ km^2 \approx 400\ km \cdot 50\ km$
[$9\,774\ ha \approx 100\ km^2 = 10\ km \cdot 10\ km$]

5. **a)** $9\,000\ m^2$; $12\,000\ a$; $24\ a$; $36\ km^2$
b) $800\ mm^2$; $9\ dm^2$; $450\,000\ dm^2$; $30\,000\,000\ mm^2$
c) $7\,000\,000\ m^2$; $290\,000\ a$; $24\,000\,000\ cm^2$; $3\ ha$
d) $5\,600\,000\ m^2$; $0{,}56\ ha$; $560\,000\ m^2$; $56\ ha$

6. Druckfehler in der 1. Auflage: Wie groß ist der Flächeninhalt eines 9 cm langen Rechtecks mit dem Umfang 26 cm?
Die andere Seite des Rechtecks ist 4 cm lang.
Der Flächeninhalt des Rechtecks beträgt $36\ cm^2$.
Die Seiten eines flächeninhaltsgleichen Quadrats sind 6 cm lang.

7. **a)** $715\,000\ mm^3$, $3{,}4\ dm^3$ **b)** $17{,}6\ m^3$, $93\ cm^3$ **c)** $147\,000\ ml$, $9\ \ell$ **d)** $1\,234\ dm^3$, $0{,}399\ \ell$

8. **a)** $O = 56{,}52\ cm^2$ **b)** $O = 5{,}42\ m^2$ **c)** $O = 24{,}118\ m^2$

9. $V = 1\ \ell = 1\,000\ cm^3 = a \cdot 9\ ch \cdot 6\ cm$ ergibt eine Höhe der Packung $a = 18{,}52\ cm$.
Damit ergibt sich eine Oberfläche von $O = 663{,}42\ cm^2$.
Zur Herstellung werden mindestens $664\ cm^2$ benötigt.

10. $O = 249\ cm^2 = 2(5b + 40 + 8b)$ ergibt eine Höhe des Quaders $b = 6{,}5\ cm$.
Damit ergibt sich für das Volumen $V = 5\ cm \cdot 8\ cm \cdot 6{,}5\ cm = 260\ cm^3$.

2. Berechnungen an Vielecken und Prismen

2.1 Flächeninhalt eines Parallelogramms

63 **2.** Die Länge der anderen Seite entspricht der Höhe h. Der Flächeninhalt des Parallelogramms ist genauso groß wie der Flächeninhalt des Rechtecks (siehe Zerlegung im Bild).

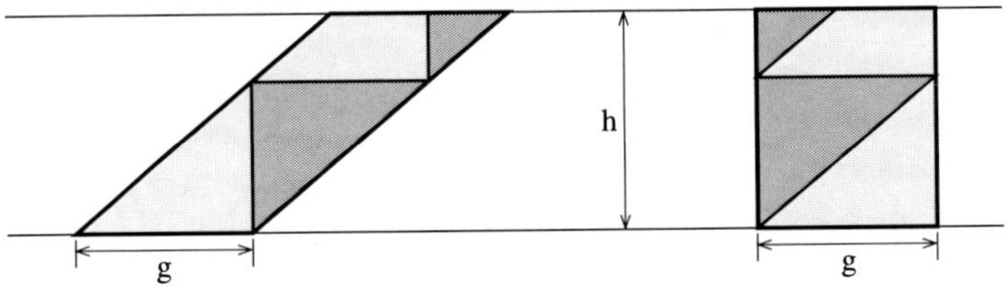

3. a) Die Parallelogramme haben alle denselben Flächeninhalt A = 3,3 cm², da sie alle gleich lange Grundseiten und Höhen besitzen.
Satz: Parallelogramme mit gleich langer Grundseite und gleicher Höhe besitzen denselben Flächeninhalt.
b) Zum Beispiel Parallelogramme mit der Grundseite g = 5,3 cm und der Höhe h = 5,3 cm.

64 **4.** Die Höhe ist $h_a \approx 4,3$ cm. Der Flächeninhalt beträgt 36 cm².

5. Man konstruiert jeweils ein Rechteck, dessen Seitenlängen die Grundseite und die entsprechende Höhe des Parallelogramms sind.
a) 3 cm² **b)** 6,25 cm² **c)** 3 cm² **d)** 3,75 cm² **e)** 3 cm²

6. a) 12,6 cm² **b)** 8,36 cm² **c)** 16,8 cm² **d)** 10,8 cm²

7.

Seite	Länge der Seite	zugehörige Höhe	Flächeninhalt
$\overline{AB}$	3,0 cm	1,7 cm	5,1 cm²
$\overline{BC}$	2,1 cm	2,5 cm	5,25 cm²
$\overline{CD}$	3,0 cm	1,7 cm	5,1 cm²
$\overline{DA}$	2,1 cm	2,5 cm	5,25 cm²

Die Unterschiede beim Flächeninhalt entstehen durch Messungenauigkeiten (Rundungen). Der genaue Flächeninhalt beträgt 5,25 cm².

64

8. Richtig ist: $A = 300\text{ cm} \cdot 15\text{ cm} = 4\,500\text{ cm}^2$
Sophie hätte den Wert 3 m umrechnen müssen.
Felix hat den halben Umfang berechnet.
Laura hat mit der Seitenlänge statt mit der Höhe gerechnet.

9. **a)** $A = 4{,}5\text{ cm}^2$, $u \approx 9{,}9\text{ cm}$
b) $A = 2{,}0\text{ cm}^2$, $u \approx 6{,}0\text{ cm}$
c) $A = 1{,}75\text{ cm}^2$, $u \approx 6{,}4\text{ cm}$
d) $A = 2{,}5\text{ cm}^2$, $u \approx 6{,}4\text{ cm}$
e) $A = 5{,}25\text{ cm}^2$, $u \approx 10{,}5\text{ cm}$

65

10. **a)** $A = 28\text{ cm}^2$
b) $A = 12\text{ cm}^2$
c) $A = 20\text{ cm}^2$
d) $A = 15{,}84\text{ cm}^2$
e) $A = 22\text{ cm}^2$

11. **a)** $g = 8{,}5\text{ cm}$
b) $g = \frac{A_P}{h}$

12. **a)** Der erste Streifen hat die Länge:
$l = 20\text{ cm} + 10 \cdot 5\text{ cm} + 9 \cdot 20\text{ cm} = 250\text{ cm}$.
Der Flächeninhalt beträgt: $A = 250\text{ cm} \cdot 15\text{ cm} = 3\,750\text{ cm}^2$.
Der Flächeninhalt der grünen Streifen beträgt:
$A_{\text{grün}} = 10 \cdot 5\text{ cm} \cdot 15\text{ cm} = 750\text{ cm}^2$.
Das sind 20 % der Gesamtfläche.
Der zweite Streifen hat die Länge:
$l = 15\text{ cm} + 13 \cdot 5\text{ cm} + 12 \cdot 20\text{ cm} = 320\text{ cm}$.
Der Flächeninhalt beträgt: $A = 320\text{ cm} \cdot 15\text{ cm} = 4\,800\text{ cm}^2$.
Der Flächeninhalt der grünen Streifen beträgt:
$A_{\text{grün}} = 13 \cdot 5\text{ cm} \cdot 15\text{ cm} = 975\text{ cm}^2$.
Das sind ungefähr 20,3 % der Gesamtfläche.

b) Ein halbes braunes Feld ist 26 cm lang, ein grüner Streifen 14 cm breit, insgesamt also 40 cm.
Das Ornament besitzt also 40 m : 40 cm = 100 grüne Streifen.
Die grünen Streifen haben den Flächeninhalt:
$A_{\text{grün}} = 100 \cdot 14\text{ cm} \cdot 36\text{ cm} = 50\,400\text{ cm}^2 = 5{,}04\text{ m}^2$.
Der Flächeninhalt des Ornaments beträgt:
$A = 40\text{ m} \cdot 36\text{ m} = 144\,000\text{ cm}^2 = 14{,}40\text{ m}^2$.
Der Flächeninhalt der braunen Fläche beträgt:
$A_{\text{braun}} = A - A_{\text{grün}} = 9{,}36\text{ m}^2$.
65 % des Ornaments sind braun, 35 % sind grün.

13. $A = 2 \cdot 2{,}40\text{ m} \cdot 3{,}20\text{ m} + 3{,}16\text{ m} \cdot 3{,}20\text{ m} = 25{,}472\text{ m}^2 \approx 25{,}5\text{ m}^2$
Die Kosten betragen 318,40 €, also ungefähr 320 €.

14. **a)** Der Flächeninhalt verdoppelt [verdreifacht; vervierfacht] sich.
b) Der Flächeninhalt vervierfacht [versechsfacht; verachtfacht] sich.

65 **15.** $A_P = a \cdot h_a = 14{,}25\ cm^2$; $h_b = \frac{A_P}{b} \approx 4{,}1$ cm.

16. Das Rechteck hat den größten Flächeninhalt, nämlich 17,5 cm².

17. $h_a = 20\ cm^2 : 4\ cm = 5\ cm$; $h_b = 20\ cm^2 : 6\ cm = 3\frac{1}{3}\ cm \approx 3{,}33\ cm$

$u = 2 \cdot 4\ cm + 2 \cdot 6\ cm = 20\ cm$

2.2 Flächeninhalt eines Dreiecks

66 **1.** Die Dreiecke haben alle denselben Flächeninhalt A = 2,3 cm², da sie alle gleich lange Grundseiten und Höhen besitzen.
Satz: Dreiecke mit gleich langen Grundseiten und gleicher Höhe besitzen denselben Flächeninhalt.

67 **2.** $h_c \approx 6$ cm; $A \approx 22{,}80\ cm^2 \approx 23\ cm^2$

3. **a)** 18 cm² **b)** 12 cm² **c)** 4,5 cm² **d)** 4,73 cm²

4.

Seite	Länge der Seite	zugehörige Höhe	Flächeninhalt
$\overline{PQ}$	4,1 cm	2,3 cm	4,72 cm²
$\overline{QR}$	2,6 cm	3,7 cm	4,81 cm²
$\overline{RP}$	3,8 cm	2,5 cm	4,75 cm²

Die Unterschiede beim Flächeninhalt entstehen durch Messungenauigkeiten (Rundungen). Der genaue Flächeninhalt beträgt 4,75 cm².

5.

	a	h_a	b	h_b	c	h_c	A	u
a)	2,5 cm	2,0 cm	2,2 cm	2,2 cm	2,5 cm	2,0 cm	2,50 cm²	7,2 cm
b)	3,6 cm	1,8 cm	2,1 cm	3,2 cm	3,2 cm	2,1 cm	3,25 cm²	8,9 cm
c)	2,5 cm	1,2 cm	3,6 cm	0,8 cm	1,5 cm	20 cm	1,50 cm²	7,6 cm
d)	2,1 cm	2,7 cm	3,2 cm	1,7 cm	2,7 cm	2,0 cm	2,75 cm²	8,0 cm

68 **6.** **a)** A = 10 cm² **c)** A = 12 cm² **e)** A = 17,42 cm²
b) A = 15 cm² **d)** A = 12,72 cm²

7. Die Ortslinie von C ist eine Parallele zu $\overline{AB}$ (durch C).

8. A = 50,32 m²; 50,32 · 44,98 € = 2 263,40 €

9. A = 4,75 m²

68

10. **a)** $h_c = b$; $h_b = c$; $A = 6\ cm^2$

b) $|BC| = 5\ cm$

$h_a = \frac{6\ cm^2 \cdot 2}{5\ cm} = 2{,}4\ cm$

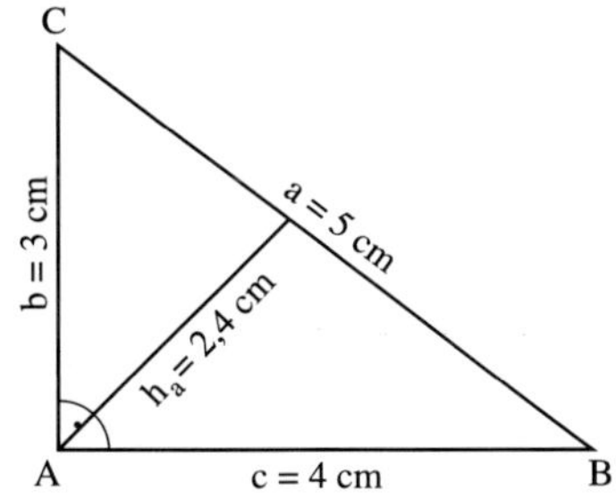

c) Beim rechtwinkligem Dreieck sind zwei Seiten zueinander orthogonal. Der Flächeninhalt ist gleich der Hälfte des Produkts aus den beiden Längen dieser zueinander orthogonalen Seiten.

11. **a)** 6,56 cm² **c)** 7,08 cm²
b) 16,08 cm² **d)** 6,7405 m² ≈ 6,74 m²

12. **a)** $g = \frac{875\ m^2 \cdot 2}{35\ m} = 50\ m$ **b)** $h = \frac{875\ m^2 \cdot 2}{45{,}5\ m} \approx 38{,}5\ m$

69

13. $h = \frac{A}{g} \cdot 2$ $h = \frac{18}{4} \cdot 2$

$h = 9\ cm$

Marie hat vergessen, das Ergebnis mit 2 zu multiplizieren.
Patrick hätte mit 2 multiplizieren, satt durch 2 dividieren müssen.
Lea hat richtig gerechnet.

14.

	a)	**b)**	**c)**
Seitenlänge g	3,2 cm	3,2 m	4,6 m
Höhe h	1,9 cm	1,2 m	4,1 m
Flächeninhalt A_D	3,04 cm²	1,92 m²	9,43 m²

	d)	**e)**	**f)**
Seitenlänge g	127 m	2,2 m	3,5 m
Höhe h	50 m	14 cm	3,6 cm
Flächeninhalt A_D	3175 m²	0,154 m²	630 cm²

15. A ≈ 62,35 ha Die Aufforstung kostet also 149 640 €, also etwa 150 000 €.

16. $\overline{MF}$ ist die Mittellinie des Dreiecks ABC. Das Dreieck AMG ist Bild des Dreiecks CMF bei Spiegelung am Punkt M. Die Dreiecke sind zueinander kongruent, haben also gleichen Flächeninhalt.

Das Parallelogramm ABFG hat die Grundseite g und die Höhe $\frac{h}{2}$. Es hat denselben Flächeninhalt wie das Dreieck ABC. Also gilt: $A_D = A_P = g \cdot \frac{h}{2}$.

17. $A_D = \frac{b \cdot h_b}{2} = \frac{c \cdot h_c}{2}$

69 **18.** **a)** $h_b \approx 6{,}5$ cm **b)** $h_a \approx 1{,}6$ cm **c)** $h_c \approx 2{,}1$ cm

2.3 Flächeninhalt eines Trapezes

71 **2.** $h \approx 3{,}1$ cm; $c \approx 3{,}0$ cm; $A \approx 17{,}5$ cm²

3. **a)** $A_T = 16{,}5$ cm²
b) $A_T = 15$ cm²
c) $A_T = 14$ cm²
d) $A_T = 65{,}6$ cm²

4. **a)** $A = 3{,}375$ cm²
$u \approx 7{,}9$ cm
b) $A = 4{,}5$ cm²
$u \approx 8{,}6$ cm
c) $A = 5$ cm²
$u \approx 10{,}5$ cm
d) $A = 5{,}5$ cm²
$u \approx 10{,}0$ cm

5. **a)** 20 cm² **b)** 24 cm²

6. (1) $A_T = 36$ cm²
(2) $A_T = 83{,}64$ m²
(3) $h = 19{,}2$ cm
(4) $h = 5{,}0$ m
(5) $c = 7{,}5$ cm
(6) $a = 16{,}6$ cm

7. $A = 0{,}56$ m²
Die Kosten betragen 16,80 € ohne Mehrwertsteuer, mit Mehrwertsteuer sind es 19,49 €.

8. **a)** Parallelogramm EBCF und Trapez ABCD sind flächeninhaltsgleich, da Dreieck MDF Bild von Dreieck MAE bei Spiegelung an M ist. Das Parallelogramm hat die gleich langen Seiten $\overline{EB}$ und $\overline{CF}$. Es gilt:
$|EB| + |CF| = a - |AE| + c + |DF| = a + c$ (wegen $|AE| = |DF|$).
Das Parallelogramm hat den Flächeninhalt $A_P = |EB| \cdot h = \frac{1}{2}(a+c) \cdot h$.
Wegen $A_T = A_P$ gilt auch $A_T = \frac{1}{2}(a+c) \cdot h$
b) $A = \frac{ah}{2} + \frac{ch}{2} = \frac{1}{2}(a+c) \cdot h$

2.4 Flächeninhalt beliebiger Vielecke

73 **1.** **a)** $A_{BCD} = \frac{2\,000 \text{ m} \cdot 900 \text{ m}}{2} = 900\,000 \text{ m}^2 = 90 \text{ ha}$
$A_{BDE} = \frac{1\,775 \text{ m} \cdot 700 \text{ m}}{2} = 621\,250 \text{ m}^2 = 62{,}125 \text{ ha}$
$A_{ABEF} = 1\,450 \text{ m} \cdot 550 \text{ m} = 797\,500 \text{ m}^2 = 79{,}75 \text{ ha}$
b) 207 000 € + 708 225 € + 502 425 € = 1 417 650 €

2. **a)** $A = 3{,}69 \text{ m}^2 + 28{,}80 \text{ m}^2 = 32{,}49 \text{ m}^2$
Man benötigt ungefähr 4,55 ℓ Farbe, also einen Eimer.

73 **2.** **b)** $A = 41{,}31\ m^2 + 157{,}43\ m^2 = 198{,}74\ m^2$
Man benötigt ungefähr 27,82 ℓ Farbe, also drei Eimer.
Diese kosten 149,94 €.

3. $A = 110\ cm \cdot 110\ cm - 4 \cdot \frac{1}{2} \cdot 18{,}25\ cm \cdot 18{,}25\ cm \approx 11\ 433{,}88\ cm$

$\approx 1{,}14\ m^2$
Insgesamt sind ungefähr 4,6 m² zu streichen. Eine kleine Dose reicht also nicht aus.

4. Bei der Einheit 1 cm erhält man den Flächeninhalt 33 cm².

5. **a)** $A = 3\ 600\ cm^2 = 36\ dm^2 = 0{,}36\ m^2$
b) Die Grundseite und die Höhe der Dreiecke ändern sich nicht.
Der Flächeninhalt ändert sich also auch nicht.

6. $A_D = \frac{1}{2} \cdot 14\ cm \cdot 20\ m = 140\ m^2$

$A_E = \frac{1}{2} \cdot 12\ cm \cdot 24\ m = 144\ m^2$

$A_F + A_G = \frac{1}{2} \cdot (14\ m + 23\ m + 12\ m) \cdot 13\ m = \frac{1}{2} \cdot 49\ m \cdot 13\ m = 318{,}5\ m^2$

$A_T = \frac{1}{2} \cdot (24\ m + 20\ m) \cdot 23\ m = \frac{1}{2} \cdot 44\ m \cdot 23\ m = 506\ m^2$

$A = 1\ 108{,}5\ m^2$

2.5 Vermischte Übungen zum Flächeninhalt von Vielecken

74 **1.** $A_{min} = 4\ 050\ m^2$ $A_{max} = 10\ 800\ m^2$

2. Die Höhe der Parallelogramme beträgt $8{,}75\ m : 6 \approx 1{,}46\ m$.
$A_{gesamt} = 6 \cdot 2{,}60\ m \cdot 1{,}46\ m \approx 22{,}78\ m^2$
Die Kosten betragen 2 958,82 €, also knapp 3 000 €.

3. $A \approx 14\ m^2$; $14 \cdot 5$ Rosen = 70 Rosen
$70 \cdot 7{,}65$ € = 535,50 €
Die Kosten liegen zwischen 500 € und 550 €.

4. **a)** $h = 8{,}4\ cm$ **b)** $h = 16{,}8\ cm$

5. Z. B.: Wie viel Farbe benötigt man für zwei Anstriche?
Wie teuer wird der doppelte Anstrich?
Rechnungen: $A \approx 17{,}4\ m^2$; $2 \cdot 17{,}4 \cdot 60\ ml = 2\ 088\ ml$;
$17{,}4 \cdot 36{,}50$ € = 635,10 €
Antworten: Für zwei Anstriche benötigt man 2 088 ml Farbe.
Die Gesamtkosten betragen 635,10 €.

74

6. $A = 10{,}66\ \text{cm}^2$; $h_b \approx 6{,}1\ \text{cm}$

7. **a)** $A = 12\ \text{cm}^2$

b) Die Raute wird durch eine Diagonale in zwei gleich große Dreiecke zerlegt, mit der Grundseite f und der Höhe $\frac{e}{2}$ bzw. der Grundseite e und der Höhe $\frac{f}{2}$.

Für den Flächeninhalt der Raute gilt also: $A = 2 \cdot \frac{1}{2} \cdot f \cdot \frac{e}{2} = \frac{e \cdot f}{2}$

c) $A_Q = \frac{d^2}{2}$

8. **a)** $A = 20\ \text{cm}^2$

b) Die Diagonale f ist Symmetrieachse, zerlegt also das Drachenviereck in zwei gleich große Dreiecke mit der Grundseite f und der Höhe $\frac{e}{2}$.

Für den Flächeninhalt des Drachenvierecks gilt also: $A = 2 \cdot \frac{1}{2} \cdot f \cdot \frac{e}{2} = \frac{e \cdot f}{2}$

75

9. (1) $2\,784\ \text{cm}^2$ (2) $4\,875\ \text{cm}^2 + 300\ \text{cm}^2 = 5\,175\ \text{cm}^2$

10. (1) $A = \ell \cdot b$ (2) $A = \frac{x \cdot d}{2}$ (3) $A = \frac{(x+y) \cdot d}{2}$

11.

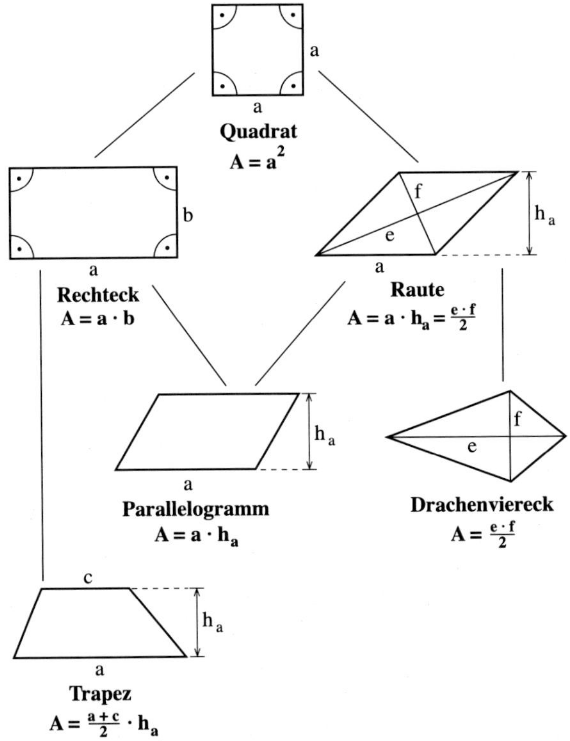

75

12. grob geschätzt: $A \approx \frac{1}{2} \cdot 2\text{ m} \cdot 5\text{ m} = 7{,}5\text{ m}^2$

13. **a)** $h_b \approx 6{,}5$ cm **b)** $h_a \approx 1{,}6$ cm

14. **a)** $\frac{\frac{1}{2} \cdot 1}{2} = \frac{1}{4}$

b) $1 \cdot 1 - \frac{\frac{1}{2} \cdot \frac{1}{6}}{2} - \frac{\frac{1}{2} \cdot \frac{1}{2}}{2} - \frac{\frac{1}{2} \cdot \frac{1}{6}}{2} - \frac{\frac{5}{6} \cdot \frac{5}{6}}{2} = 1 - \frac{1}{24} - \frac{1}{8} - \frac{1}{24} - \frac{25}{72} = \frac{4}{9}$

c) Der parallelogrammförmige Streifen hat den Anteil $\frac{1}{2} \cdot 1$, also $\frac{1}{2}$. Das gefärbte Trapez ist halb so groß. Der Anteil der gefärbten Fläche ist also $\frac{1}{4}$.

d) $1 \cdot 1 - 2 \cdot \frac{1}{2} \cdot \frac{2}{3} + \frac{1}{3} \cdot \frac{1}{8} = 1 - \frac{2}{3} + \frac{1}{24} = \frac{3}{8}$

Im Blickpunkt: Flächeninhalt und Umfang krummlinig begrenzter Figuren

76

1. **a)** Von oben links nach rechts:

Dreieck: $A_1 \approx \frac{700\text{ m} \cdot 1\,700\text{ m}}{2} = 595\,000\text{ m}^2$

Trapez: $A_2 \approx \frac{(2\,000\text{ m} + 1\,800\text{ m}) \cdot 1\,000\text{ m}}{2} = 1\,900\,000\text{ m}^2$

Trapez: $A_3 \approx \frac{(2\,700\text{ m} + 2\,100\text{ m}) \cdot 1\,500\text{ m}}{2} = 3\,600\,000\text{ m}^2$

Trapez: $A_4 \approx \frac{(2\,250\text{ m} + 2\,800\text{ m}) \cdot 1\,500\text{ m}}{2} = 3\,787\,500\text{ m}^2$

Trapez: $A_5 \approx \frac{(2\,100\text{ m} + 2\,250\text{ m}) \cdot 4\,450\text{ m}}{2} = 9\,678\,750\text{ m}^2$

Trapez: $A_6 \approx \frac{(2\,200\text{ m} + 1\,300\text{ m}) \cdot 5\,300\text{ m}}{2} = 9\,275\,000\text{ m}^2$

$A \approx 28\,836\,250\text{ m}^2 \approx 28{,}84\text{ km}^2$

b) Norderney ist ungefähr 26,29 km² groß.

c) Geradlinig gemessen ungefähr 32,7 km, aufgrund der Einbuchtungen wahrscheinlich mehr.

2. **a)** Von links nach rechts:

Trapez: $A_1 \approx \frac{(250\text{ m} + 1\,200\text{ m}) \cdot 1\,000\text{ m}}{2} = 725\,000\text{ m}^2$

Trapez: $A_2 \approx \frac{(1\,200\text{ m} + 1\,900\text{ m}) \cdot 1\,000\text{ m}}{2} = 1\,550\,000\text{ m}^2$

Parallelogramm $A_3 \approx 1\,900\text{ m} \cdot 1\,000\text{ m} = 1\,900\,000\text{ m}^2$

Trapez: $A_4 \approx \frac{(1\,900\text{ m} + 1\,550\text{ m}) \cdot 1\,000\text{ m}}{2} = 1\,725\,000\text{ m}^2$

Trapez: $A_5 \approx \frac{(1\,550\text{ m} + 1\,250\text{ m}) \cdot 1\,000\text{ m}}{2} = 1\,400\,000\text{ m}^2$

$A_{gesamt} \approx 7\,300\,000\text{ m}^2 = 7{,}3\text{ km}^2$

76 2. b) Baltrum ist ungefähr 6,50 km² groß. Es wurde hier im Bild des Buches der Strand voll mitgerechnet.

c) Geradlinig gemessen ungefähr 11,5 km, aufgrund der Einbuchtungen wahrscheinlich mehr.

2.6 Prismen – Netz und Schrägbild

2.6.1 Netz und Oberflächeninhalt eines Prismas

79 2. Die Schachteln sind Prismen, die Mantelfläche besteht also aus Rechtecken. Sie unterscheiden sich durch ihre Grundfläche.

- gleichseitiges Dreieck
- Trapez
- Quadrat (speziell Würfel)
- regelmäßiges Sechseck
- regelmäßiges Fünfeck

3. -

80 4.

(1) Prisma	G: Trapez	h: Abstand dieser Trapeze
(2) Prisma	G: Rechteck	h: Abstand dieser Rechtecke
(3) Prisma	G: $\frac{1}{6}$ Kreisfläche	h: Abstand dieser Flächen
(4) Prisma	G: „T-Fläche“	h: Abstand dieser Flächen
(5) kein Prisma		

5. a)

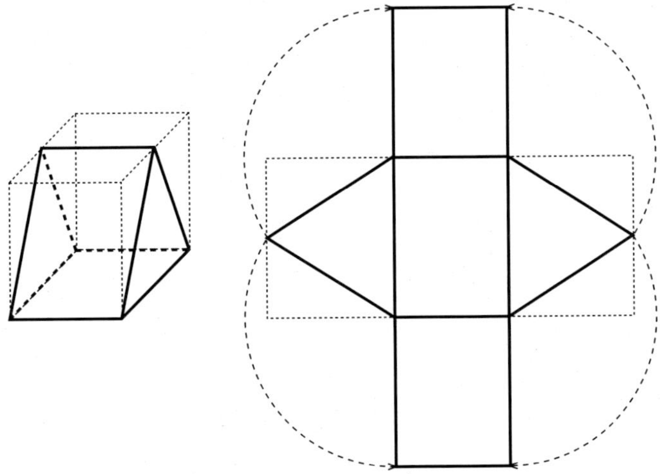

80 **5. b)**

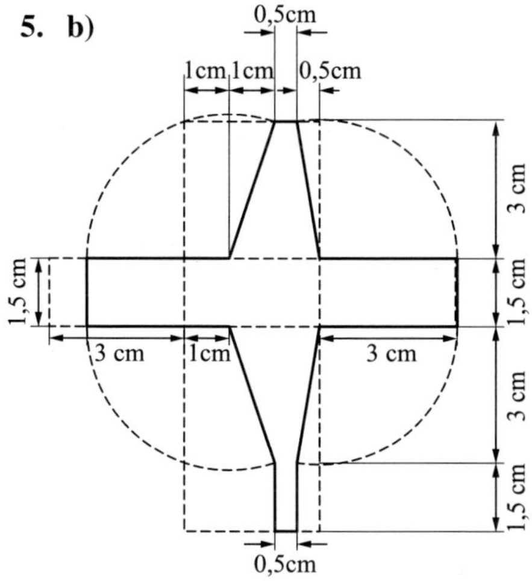

c)

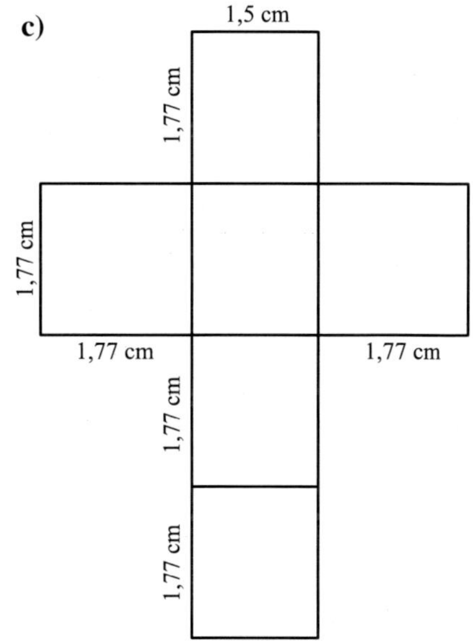

c) Man erhält ein Prisma, dessen Grundfläche eine Raute ist. Die Raute hat eine Seitenlänge von ungefähr 4,6 Karos. Der Mantel ist ein Rechteck, das aus 4 deckungsgleichen Rechtecken mit den Seitenlängen 4,6 Karos und 5 Karos zusammengesetzt ist.

6.

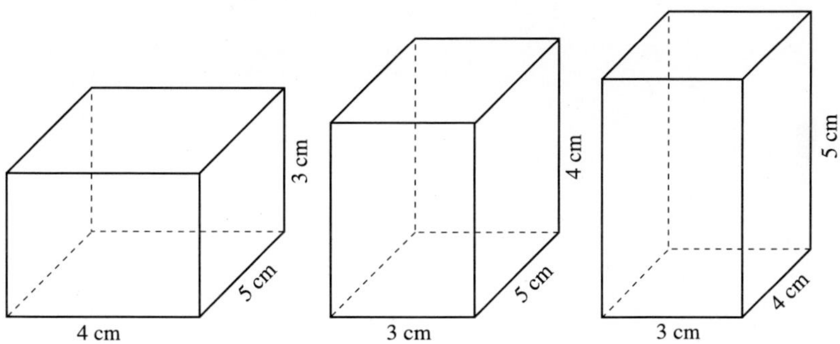

7. Obere Reihe von links nach rechts: falsch; richtig; falsch; falsch
Untere Reihe von links nach rechts: falsch; falsch; falsch; falsch

8. a) 230 cm² **b)** - **c)** 78 cm

81 **9. a)** $G = \frac{23\text{ mm} \cdot 19\text{ mm}}{2} \cdot 2 = 437\text{ mm}^2$

$M = (23\text{ mm} + 21\text{ mm} + 24\text{ mm}) \cdot 150\text{ mm} = 10\,200\text{ mm}^2$
$O = 437\text{ mm}^2 + 10\,200\text{ mm}^2 = 10\,637\text{ mm}^2 = 106{,}37\text{ cm}^2$

b) $G = \frac{25\text{ mm} \cdot 15\text{ mm}}{2} \cdot 2 = 375\text{ mm}^2$

$M = (2 \cdot 25\text{ mm} \cdot 150\text{ mm} + 2 \cdot 18\text{ mm} \cdot 150\text{ mm}) = 12\,900\text{ mm}^2$
$O = 375\text{ mm}^2 + 12\,900\text{ mm}^2 = 13\,275\text{ mm}^2 = 132{,}75\text{ cm}^2$

81

9. c) $G = \frac{(34\text{ mm} + 16\text{ mm}) \cdot 14\text{ mm}}{2} \cdot 2 = 700\text{ mm}^2$

$M = (34\text{ mm} + 18\text{ mm} + 16\text{ mm} + 16\text{ mm}) \cdot 150\text{ mm} = 12\,600\text{ mm}^2$

$O = 700\text{ mm}^2 + 12\,600\text{ mm}^2 = 13\,300\text{ mm}^2 = 133\text{ cm}^2$

d) $G = \left(\frac{22\text{ mm} \cdot 17\text{ mm}}{2} + \frac{22\text{ mm} \cdot 13\text{ mm}}{2}\right) \cdot 2 = 660\text{ mm}^2$

$M = 2 \cdot (21\text{ mm} \cdot 150\text{ mm}) + 2 \cdot (17\text{ mm} \cdot 150\text{ mm}) = 11\,400\text{ mm}^2$

$O = 660\text{ mm}^2 + 11\,400\text{ mm}^2 = 12\,060\text{ mm}^2 = 120{,}60\text{ cm}^2$

10. *1. Körper*

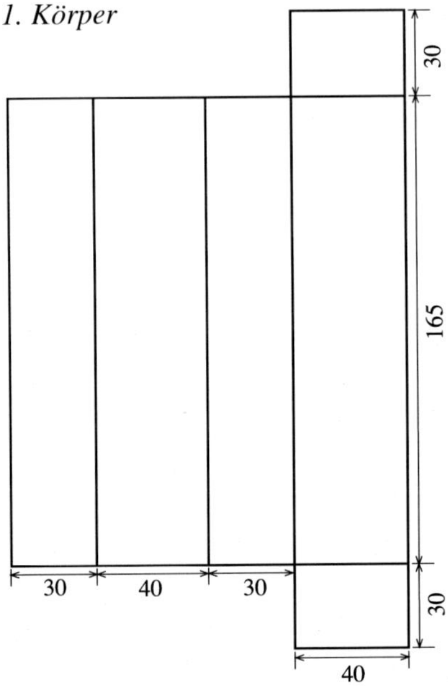

$O = 2 \cdot (40\text{ mm} \cdot 30\text{ mm}) + 2 \cdot (165\text{ mm} \cdot 30\text{ mm}) + 2 \cdot (165\text{ mm} \cdot 40\text{ mm})$

$= 25\,500\text{ mm}^2 = 255\text{ cm}^2$

81 **10.** *2. Körper*

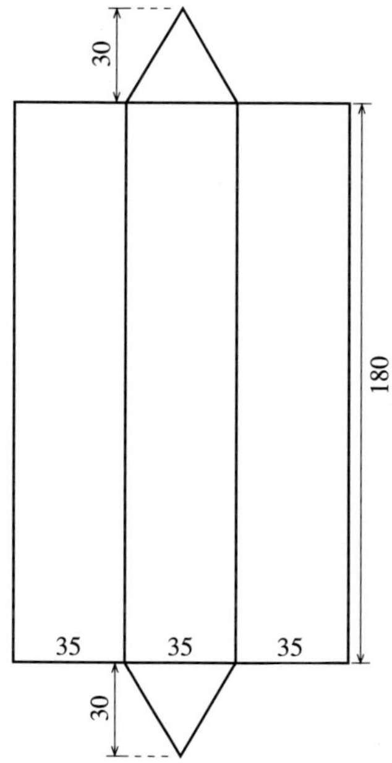

$$O = 2 \cdot \left(\frac{35\text{ mm} \cdot 30\text{ mm}}{2}\right) + 3 \cdot (180\text{ mm} \cdot 30\text{ mm}) = 20\,400\text{ mm}^2 = 204\text{ cm}^2$$

3. Körper

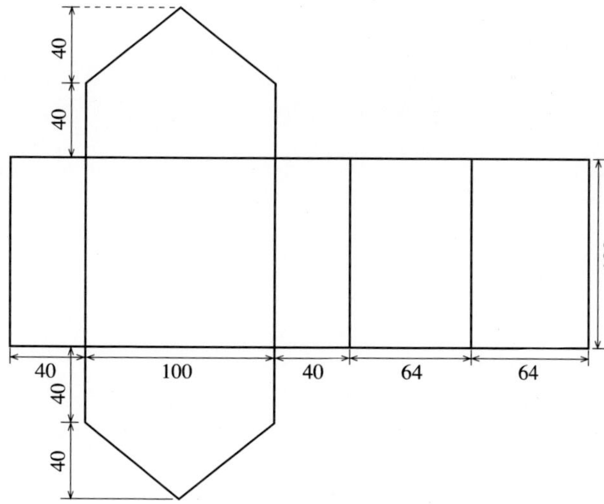

$$O = 100\text{ mm} \cdot 100\text{ mm} + 4 \cdot (100\text{ mm} \cdot 40\text{ mm}) + 2 \cdot \left(\frac{100\text{ mm} \cdot 40\text{ mm}}{2}\right)$$
$$+ 2 \cdot (64{,}03 \cdot 100) = 42\,806\text{ mm}^2 \approx 428\text{ cm}^2$$

81

10. *4. Körper*

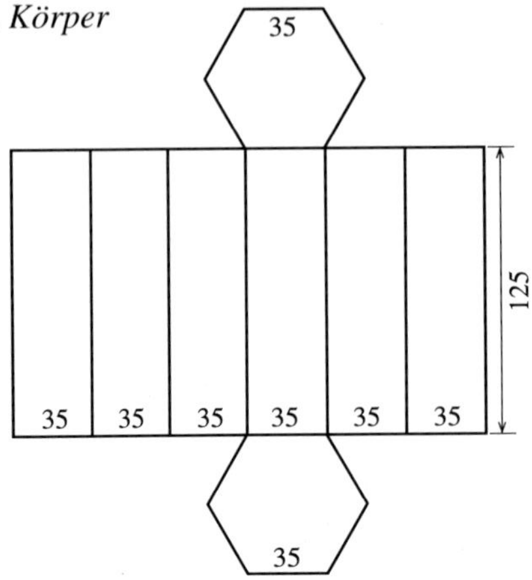

G = 6 365,29 mm²   M = 26 250 mm²

O = 2 · G + M = 38 980,6 mm² ≈ 389,8 cm²

11. 600 cm²

12. **a)** M = 539,6 cm²
O = 728,6 cm²

b) u ≈ 23 cm
O = 645,35 cm²

c) h = 5,8 cm
G = 8,9 cm²

d) M = 966 cm²
G = 129,5 cm²

2.6.2 Schrägbild eines Prismas

82

1.

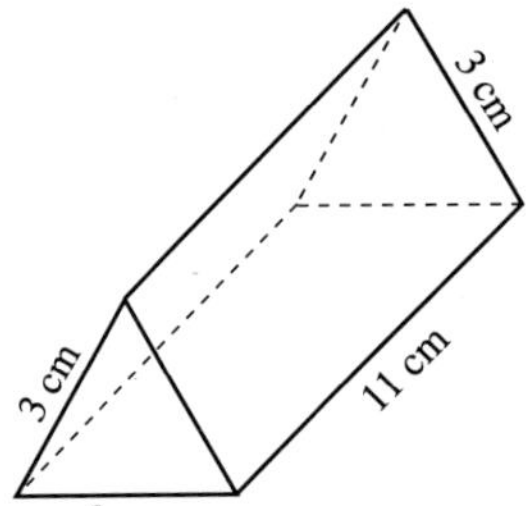

2.

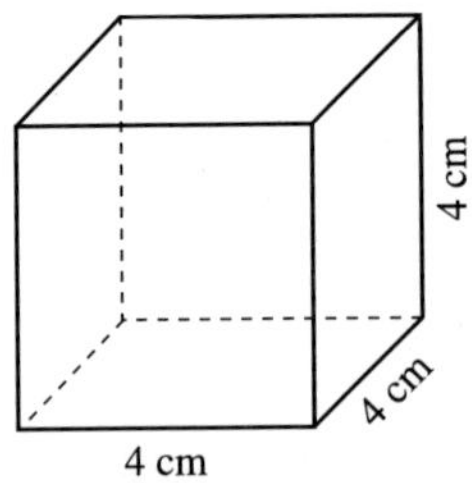

Winkel: 45°
Faktor: $\frac{1}{2}$

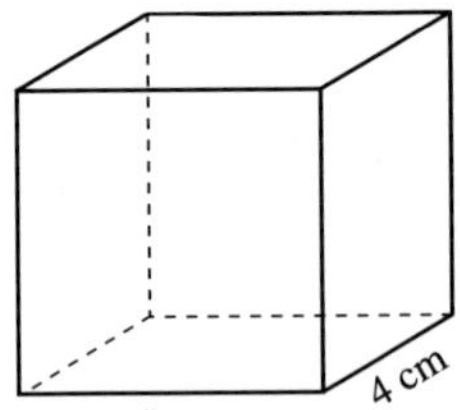

Winkel: 30°
Faktor: $\frac{1}{2}$

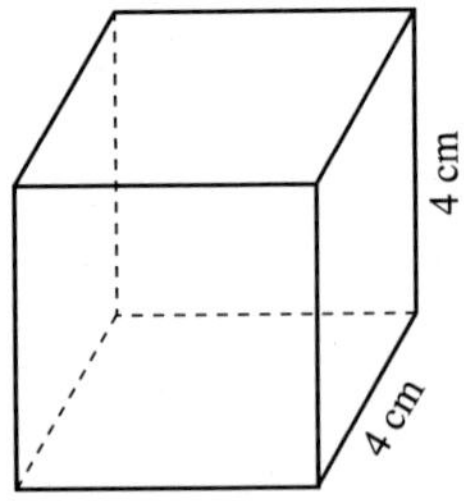

Winkel: 60°
Faktor: $\frac{2}{3}$

82

3.

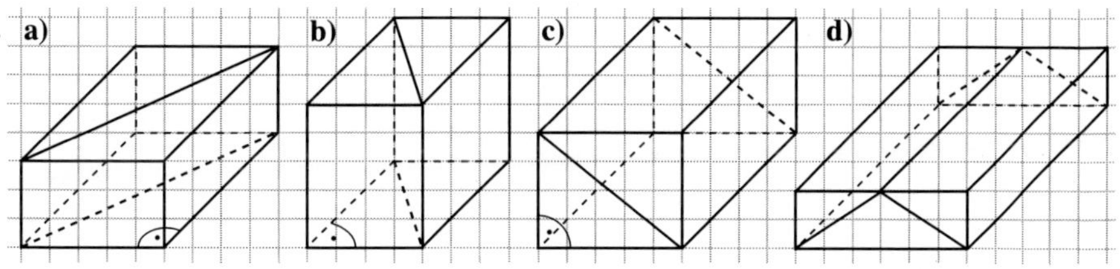

4. (1)

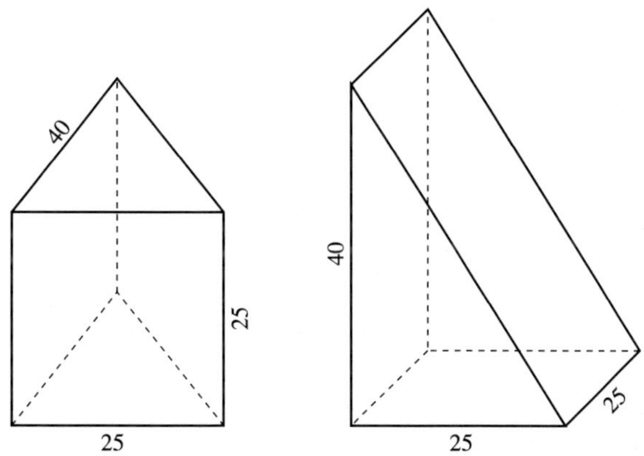

(2)

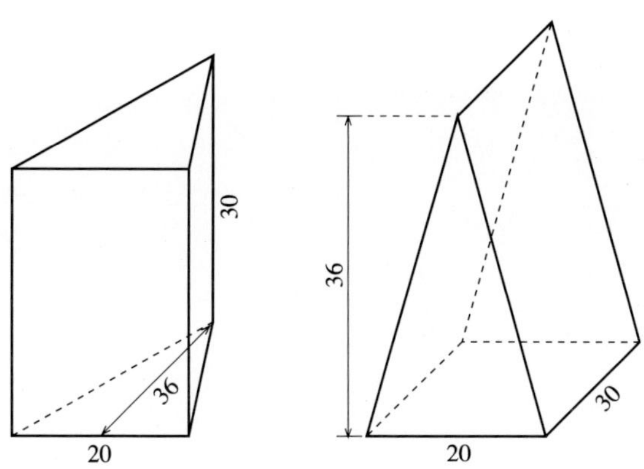

(3)

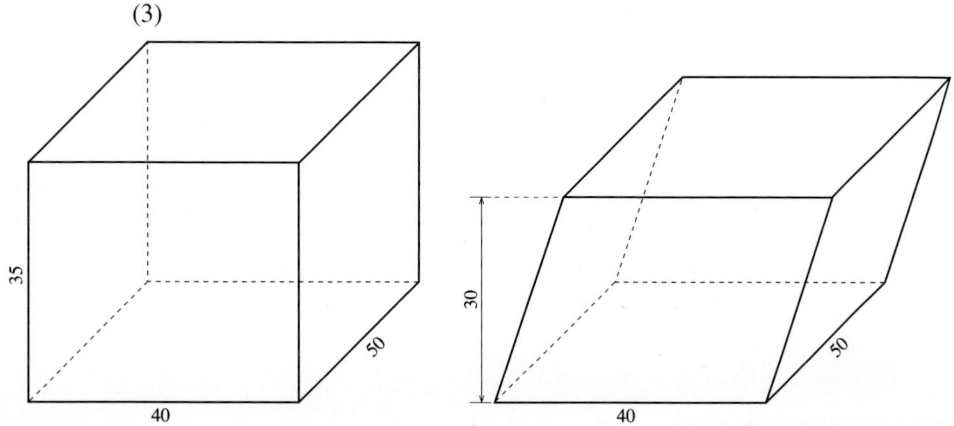

82

4. (4)

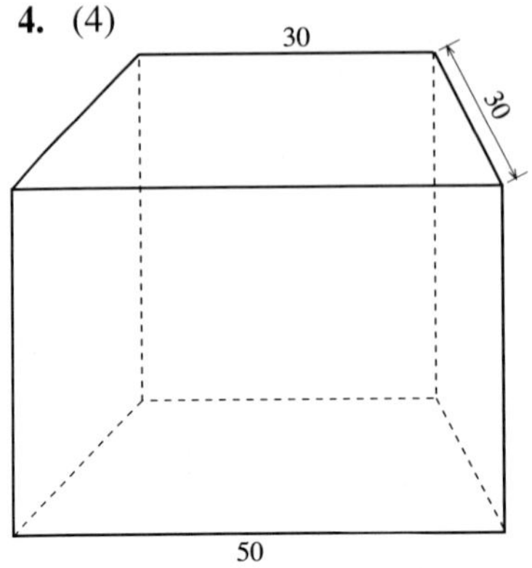

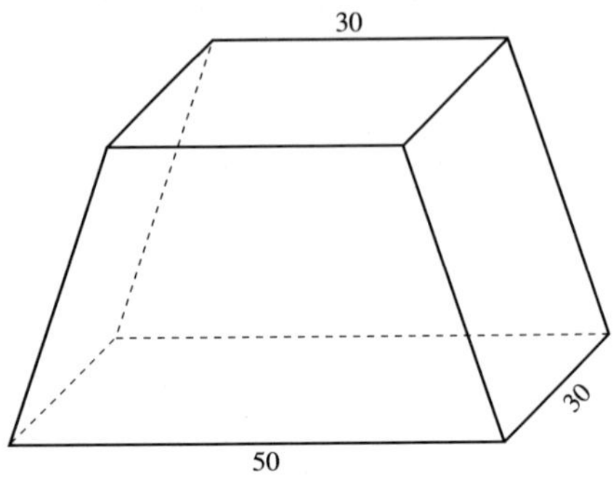

5. **a)** Die Länge einer Strecke, die im Schrägbild parallel zur Vorderfläche ist, ist gleich der wirklichen Länge.
   b) Die Länge einer Strecke, die im Schrägbild orthogonal zur Vorderfläche ist, wurde im Vergleich zur wirklichen Länge um den Verkürzungsfaktor verkürzt.
   c) Die Länge kann man nur über eine Hilfszeichnung zeichnerisch bestimmen (mit Hilfslinien, die parallel oder orthogonal zur Vorderfläche sind).

2.7 Volumen eines Prismas

84

1. **a)** Man zerlegt die Prismen wie in der Einführung auf Seite 83 des Schülerbandes und erhält Quader mit gleich großen Grundflächen und gleicher Höhe. Für aller Prismen gilt:
   $A = 1{,}5\text{ cm} \cdot 4\text{ cm} = 6\text{ cm}^2$ und $V = 6\text{ cm}^2 \cdot 3{,}5\text{ cm} = 21\text{ cm}^3$
   b) Die Grundfläche lässt sich in Dreiecke zerlegen, das Prisma entsprechend in Prismen mit dreieckiger Grundfläche, für die gilt: $V_D = G_D \cdot h$.
   Damit gilt für das Prisma:
   $$\begin{aligned} V &= V_{D_1} + V_{D_2} + V_{D_3} + \dots + V_{D_n} \\ &= G_{D_1} \cdot h + G_{D_2} \cdot h + G_{D_3} \cdot h + \dots + G_{D_n} \cdot h \\ &= \left(G_{P_1} + G_{P_2} + G_{P_3} + \dots + G_{P_n}\right) \cdot h \\ &= G \cdot h \end{aligned}$$

2. Längeneinheiten wie in Aufgabe 1, also 2 Kästchen entsprechen 1 cm und 1 Kästchendiagonale entspricht 1 cm.
   a) $1{,}5\text{ cm}^3$ **b)** $4{,}5\text{ cm}^3$ **c)** $5{,}25\text{ cm}^3$ **d)** 8 cm^3

3. Mit den Maßen im Bild erhält man:
   a) 756 m^3 **b)** $7\,056\text{ m}^3$

85

4. **a)** 60 cm³ **b)** 282,596 dm³ **c)** 1 833,195 m³ **d)** 162 472,5 cm³ **e)** 40,185 dm³

5. P_1 und P_2; P_3 und P_6; P_4, P_5 und P_7

6. 6,5 dm

7. **a)** 342 cm³ **b)** 843,75 m³ **c)** 10 000 cm³ **d)** 100 m³

8. Das Volumen wird verdoppelt [verdreifacht; halbiert].

9. **a)** 60 000 cm³ = 60 dm³ = 60 ℓ
7 400 cm² = 74 dm²
Der Körper fasst 60 ℓ und man benötigt 74 dm² Blech für die Herstellung.
oder V = 60 ℓ; O = 74 dm²
b) V = 81 ℓ O = 85,8 dm²
c) V = 10,5 ℓ O = 25 dm²

10. 40 572 cm³; 109 544,4 g ≈ 110 kg

86

11. **a)** 292,74 m³ **b)** 357,14 m³ **c)** 398,75 m³ **d)** 484,42 m³

12. **a)** V = 72 cm³
O = 108 cm²
b) V = 168 cm³
O = 204 cm²
c) V = 126 cm³
O = 147,6 cm²
d) V = 52 cm³
O = 216 cm²

13.

1. Körper	*2. Körper:*	*3. Körper:*
231 000 cm³	268 800 cm³	402 500 cm³
1 709,4 kg	1 989,12 kg	2 978,5 kg

14. **a)** P_1: Seitenlänge 50 mm
V = 19 200 mm³; O = 5 040 mm²

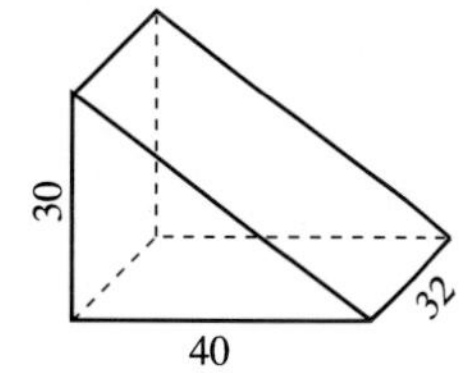

b) P_2: Seitenlängen 21 mm, 40 mm
V = 10 350 mm³; O = 3 503 mm²

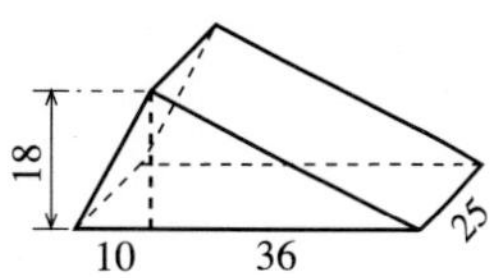

86

14. c) P_3: Seitenlängen 32 mm, 25 mm, 32 mm
$V = 26\,250\ mm^3$; $O = 5\,490\ mm^2$

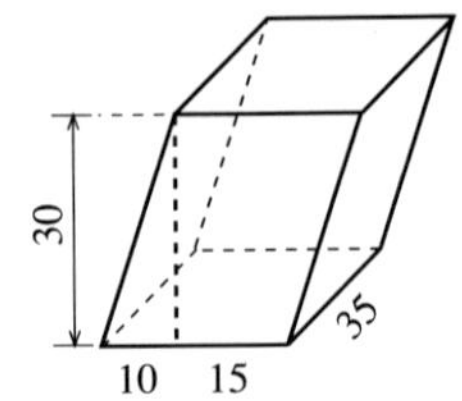

d) P_4: Seitenlängen 23 mm, 20 mm, 23 mm
$V = 23\,040\ mm^3$; $O = 5\,240\ mm^2$

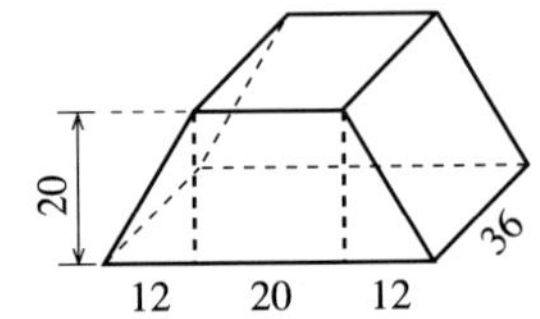

15. a) Die Größe der Oberfläche wird vervierfacht $(2 \cdot 2)$
[verneunfacht $(3 \cdot 3)$].
Das Volumen wird verachtfacht $(2 \cdot 2 \cdot 2)$
[versiebenundzwanzigfacht $(3 \cdot 3 \cdot 3)$]

b) Wie in a).

c) Die Größe der Mantelfläche wird verdoppelt [verdreifacht], die Größe der Grundfläche bleibt unverändert. Die Größe der Oberfläche vergrößert sich um die Größe der Mantelfläche [um das Doppelte der Mantelfläche].
$G = 25\ cm^2$; $M = 50\ cm^2$; $O = 2 \cdot G + M = 100\ cm^2$
doppelte Höhe: $G = 25\ cm^2$; $M = 100\ cm^2$; $O = 150\ cm^2$
dreifache Höhe: $G = 25\ cm^2$; $M = 150\ cm^2$; $O = 200\ cm^2$

87

16. a) $1\,800\ cm^3$
13 140 g

b) $352\ cm^3$
2 569,6 g

c) $756\ cm^3$
5 518,8 g

17. a) $V_a \approx 4{,}8\ m^3$ **b)** $O_a \approx 17\ m^3$ **c)** $V_i \approx 4\ m^3$; $O_i \approx 15\ m^2$

18. a) $V = 810\ m^3$

b) $O \approx 505{,}8\ m^2$ (ohne Deckfläche)
22 710,42 € ohne Mehrwertsteuer
27 025,40 € mit 19 % Mehrwertsteuer

19.

Artikel	V_p	V_i	$\frac{V_i}{V_p}$
Parfüm (Probe)	90,85 ml	7 ml	7,7 %
Eau de Toilette	461,1 ml	75 ml	16,3 %
Biologische Waschemulsion	339 ml	150 ml	44,2 %
Parfüm	410,816 ml	45 ml	11,0 %
Eau de Toilette	273,48 ml	25 ml	9,1 %

20. -

2.8 Aufgaben zur Vertiefung

88

1. $A = A_{ADEF} - A_{ADB} - A_{BEC} - A_{ACF}$

$= 4{,}5\text{ cm} \cdot 2{,}5\text{ cm} - \frac{1}{2} \cdot 4{,}5\text{ cm} \cdot 0{,}5\text{ cm} - \frac{1}{2} \cdot 2\text{ cm} \cdot 2{,}5\text{ cm}$

$- \frac{1}{2} \cdot 2{,}5\text{ cm} \cdot 2\text{ cm}$

$= 11{,}25\text{ cm}^2 - 1{,}125\text{ cm}^2 - 2{,}5\text{ cm}^2 - 2{,}5\text{ cm}^2 = 5{,}125\text{ cm}^2$

2. **a)** 2,25 cm² **b)** 4,5 cm² **c)** 7,875 cm² **d)** 7,0 cm²

3.

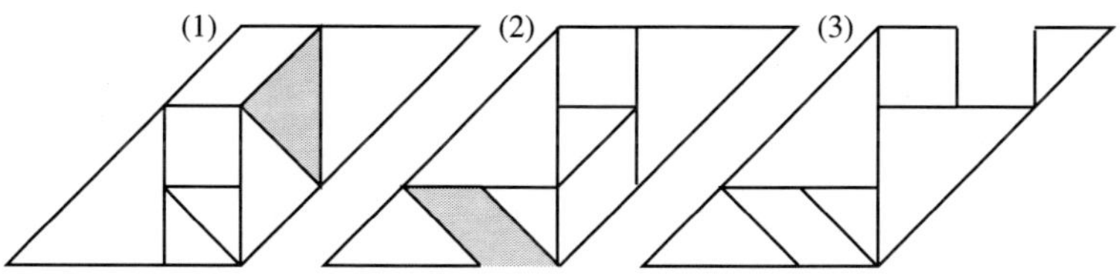

4. **a)** Das große Dreieck A'B'C' hat einen siebenmal so großen Flächeninhalt wie das kleine Dreieck ABC.

b) Da C an A gespiegelt wird, ist der Abstand von C' zu AB genauso groß wie der Abstand von C zu AB. Das Dreieck ABC hat die Grundseite $\overline{AB}$ und die Höhe h (Abstand von C zu AB). Das Dreieck AC'A' hat die Grundseite $|AA'| = 2 \cdot |AB|$ und die Höhe h (Abstand von C' zu AB). Der Flächeninhalt des Dreiecks AC'A' ist also doppelt so groß wie der Flächeninhalt des Dreiecks ABC. Das Entsprechende gilt für den Flächeninhalt des Dreiecks BA'B' bzw. CB'C'.
Insgesamt gilt also:

$A_{A'B'C'} = A_{ABC} + A_{AC'A'} + A_{BA'B'} + A_{CB'C'}$

$= A_{ABC} + 2 \cdot A_{ABC} + 2 \cdot A_{ABC} + 2 \cdot A_{ABC}$

$= 7 \cdot A_{ABC}$

89

5. $b = \frac{2 \cdot A}{a} = \frac{24\text{ cm}^2}{3\text{ cm}} = 8\text{ cm}$

$c = \frac{2 \cdot B}{b} = \frac{32\text{ cm}^2}{8\text{ cm}} = 4\text{ cm}$

$F = \frac{1}{2} \cdot (a + c) \cdot b = \frac{1}{2} \cdot 7\text{ cm} \cdot 8\text{ cm} = 28\text{ cm}^2$

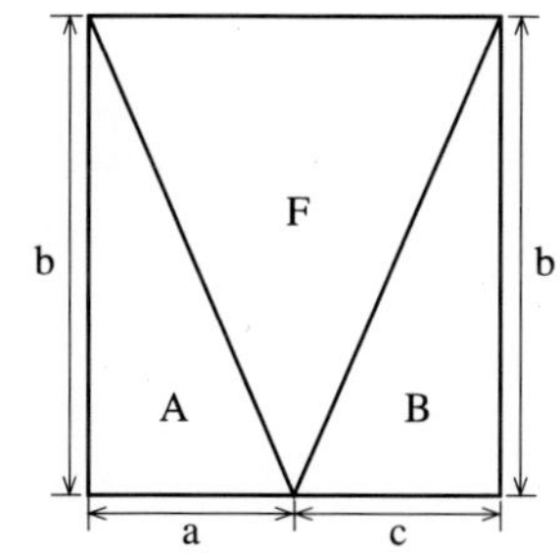

6. **a)** $c = \frac{2 \cdot B}{b} = \frac{48\text{ cm}^2}{3\text{ cm}} = 16\text{ cm}$

$A = \frac{1}{2} \cdot a \cdot c = \frac{1}{2} \cdot 5\text{ cm} \cdot 16\text{ cm} = 40\text{ cm}^2$

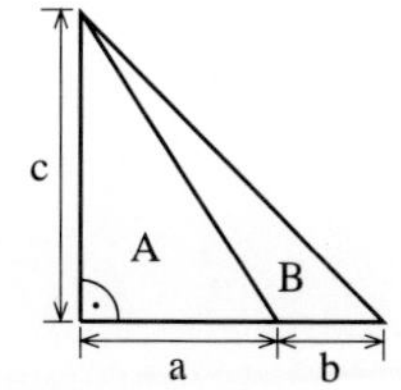

89

6. b) $c = \frac{2 \cdot B}{b} = \frac{30\ cm^2}{3\ cm} = 10\ cm$

$A = a \cdot c = 5\ cm \cdot 10\ cm = 50\ cm^2$

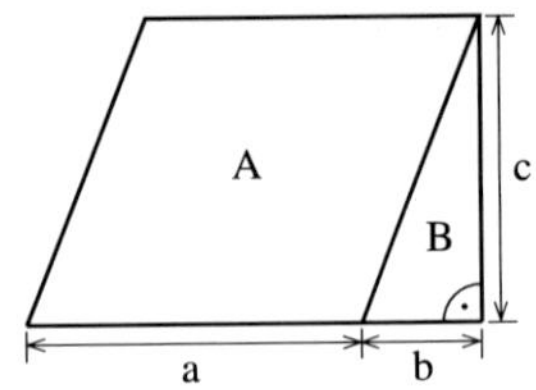

c) $c = \frac{2 \cdot A}{a} = \frac{20\ cm^2}{5\ cm} = 4\ cm$

$B = T - A = 26\ cm^2 - 10\ cm^2 = 16\ cm^2$

$b = \frac{2 \cdot B}{c} = \frac{32\ cm^2}{4\ cm} = 8\ cm$

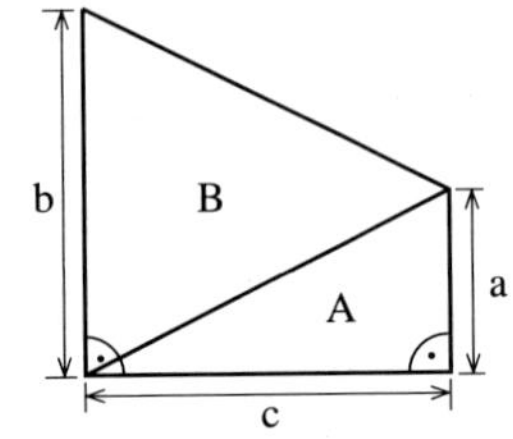

d) $A_R = a \cdot b = 6\ cm \cdot 7\ cm = 42\ cm^2$

$F = A_R - A = 42\ cm^2 - 12\ cm^2 = 30\ cm^2$

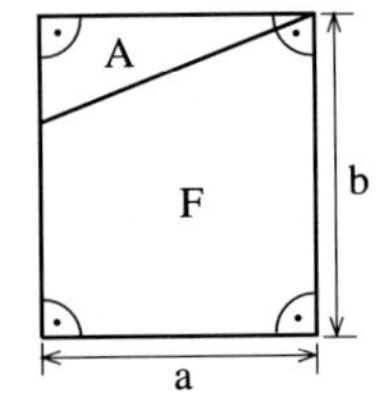

7. a) $A_T = \frac{1}{2} \cdot (b + c) \cdot a = \frac{1}{2} \cdot (4\ cm + 7\ cm) \cdot 8\ cm = 44\ cm^2$

$A_D = \frac{1}{2} \cdot c \cdot h = \frac{1}{2} \cdot 7\ cm \cdot 6\ cm = 21\ cm^2$

$B = A_T - A_D = 44\ cm^2 - 21\ cm^2 = 23\ cm^2$

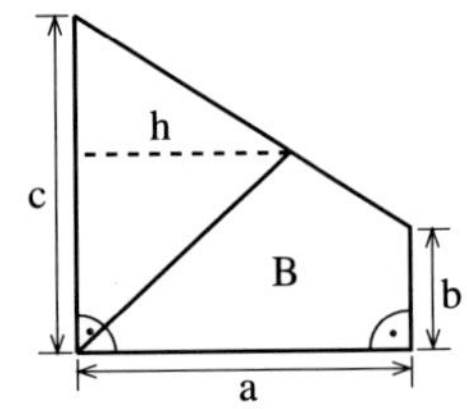

b) $h = \frac{2 \cdot A}{a} = \frac{18\ cm^2}{3\ cm} = 6\ cm$

$T = \frac{1}{2} \cdot (a + b + c) \cdot h$

$= \frac{1}{2} \cdot (3\ cm + 7\ cm + 3\ cm) \cdot 6\ cm$

$= 39\ cm^2$

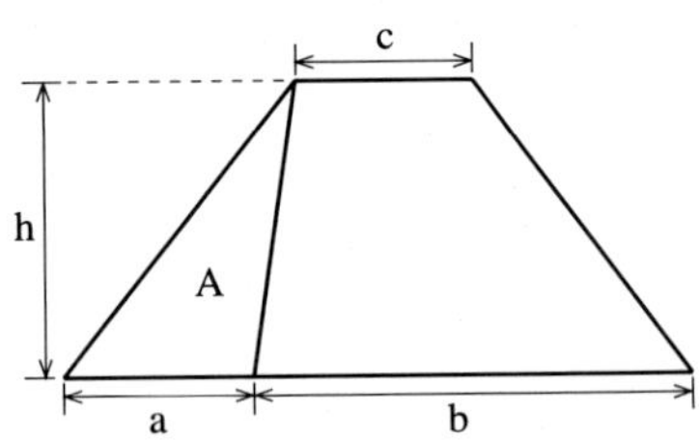

c) $A_R = a \cdot b = 5\ cm \cdot 6\ cm = 30\ cm^2$

$B = A_R - C = 30\ cm^2 - 8\ cm^2 - 15\ cm^2 = 7\ cm^2$

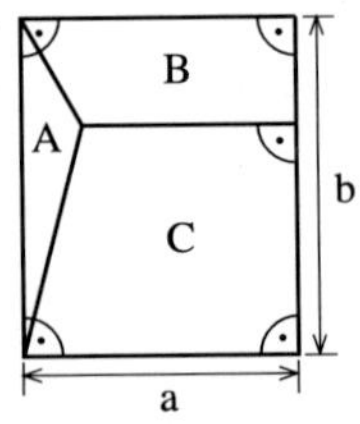

89

7. d) $a = \frac{2 \cdot A}{c} = \frac{18\text{ cm}^2}{6\text{ cm}} = 3\text{ cm}$

$b = \frac{2 \cdot B}{c} = \frac{24\text{ cm}^2}{6\text{ cm}} = 4\text{ cm}$

$F = \frac{1}{2} \cdot d \cdot (a + b)$

$= \frac{1}{2} \cdot 4\text{ cm} \cdot (3\text{ cm} + 4\text{ cm}) = 14\text{ cm}^2$

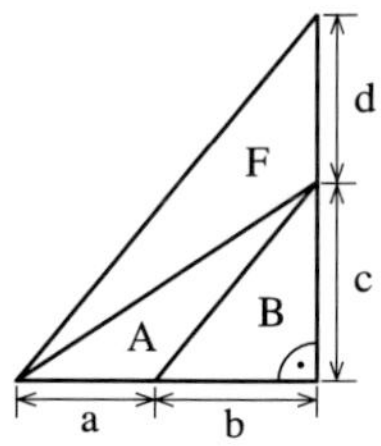

e) $b = \frac{2 \cdot A}{a} = \frac{28\text{ cm}^2}{4\text{ cm}} = 7\text{ cm}$

$c = \frac{2 \cdot B}{b} = \frac{42\text{ cm}^2}{7\text{ cm}} = 6\text{ cm}$

$d = c - a = 6\text{ cm} - 4\text{ cm} = 2\text{ cm}$

$F = \frac{1}{2} \cdot d \cdot b = \frac{1}{2} \cdot 2\text{ cm} \cdot 7\text{ cm} = 7\text{ cm}^2$

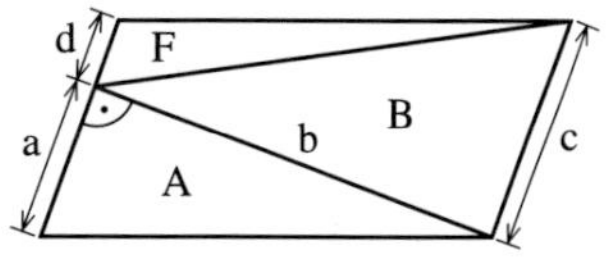

f) $d = \frac{2 \cdot D}{c} = \frac{24\text{ cm}^2}{3\text{ cm}} = 8\text{ cm}$

$b = \frac{2 \cdot B}{d} = \frac{32\text{ cm}^2}{8\text{ cm}} = 4\text{ cm}$

$a = \frac{2 \cdot A}{b+c} = \frac{84\text{ cm}^2}{4\text{ cm}+3\text{cm}} = 12\text{ cm}$

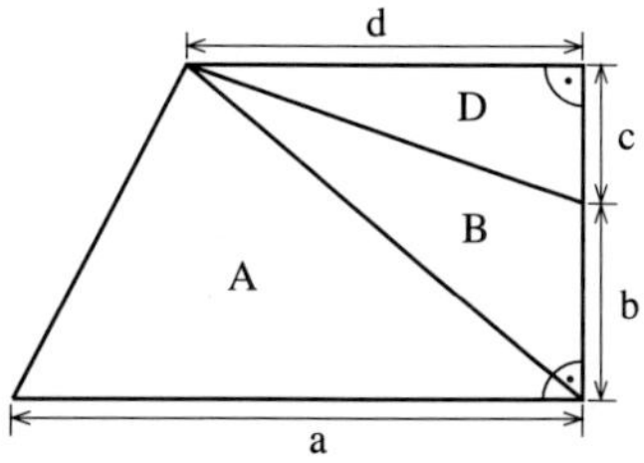

Bleib fit im Umgang mit Prozenten

91

1. a) $\frac{13}{100}$; 0,13; 13 % **c)** $\frac{1}{4}$; 0,25; 25 % **e)** $\frac{9}{40}$; 0,225; 22,5 %

b) $\frac{5}{20}$; 0,25; 25 % **d)** $\frac{2}{5}$; 0,4; 40 %

2. a) Eine Scheibe enthält 3 g Fett.
b) Die Salami enthält 30 % Fett.
c) Eine Käsescheibe wiegt 12,5 g.

92

3. a) Eine Scheibe wiegt 16 g. Isst man eine Scheibe des Schinkens, nimmt man 0,64 g Fett zu sich.
b) Pro Scheibe nimmt man 0,64 g Fett zu sich. 5 : 0,64 = 7,8125
Er darf nur 7 Scheiben Schinken essen.
c) Der Braten muss mit 5,6 % Fett ausgezeichnet werden.

92

4. **a)** Insgesamt wurden 58 314 Stimmen abgegeben.

Demokratische Mitte	43,68 %
Sozialer Fortschritt	33,14 %
Grünes Engagement	18,87 %
Liberale Freiheit	4,31 %

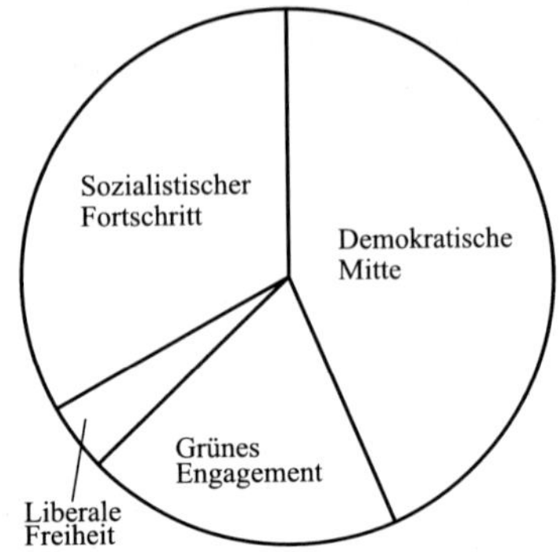

b) Die Liberale Freiheit hätte mindestens 2 916 Stimmen bekommen müssen, also mindestens 399 Stimmen mehr.

5. 40 % zuckerreduziert bedeutet, dass nur 60 % des ursprünglichen Zuckergehalts enthalten sein dürfen, also 76,1 g · 0,6 = 45,66 g Zucker.
42,5 g von 76,1 g entsprechen 55,8 %. Somit ist der Kakao sogar um 44,2 % zuckerreduziert.

6. Der gesamte Vorgang dauert etwa 5,9 min.

7. **a)** Der Computer kostet mit 19 % Mehrwertsteuer 950,81 €.
b) Der Computer kostet ohne 19 % Mehrwertsteuer 775,46 €, d. h. es sind 143,54 € Steuern enthalten.
c) Wenn man die Mehrwertsteuer nicht berechnet, werden die Produkte nur um $\frac{19}{119}$, also um etwa 16 % billiger.

3. Dreiecke und Vierecke

3.1 Dreieckskonstruktionen – Kongruenzsätze

3.1.1 Konstruktion eines Dreiecks aus drei Seiten – Kongruenzsatz sss

96

2. c muss kleiner als die Summe der Seitenlängen von a und b sein, da sich sonst die Kreise um die Endpunkte von c mit den Radien a bzw. b nicht schneiden, also muss c kürzer als 11 cm sein.
Ebenso muss c größer als die Differenz von a und b sein, also länger als 3 cm.

3. $\alpha \approx 29°$, $\beta \approx 45°$, $\gamma \approx 105°$

4. Die Innenwinkel sind 79°, 44° und 57° groß.

5. Konstruktionsbeschreibung:
(1) Zeichne $\overline{AC}$ mit b = 4 cm
(2) Zeichne um C einen Kreis mit Radius a.
(3) Zeichne um A einen Kreis mit Radius c.
(4) Bezeichne einen Schnittpunkt der Kreise mit B.
(5) Zeichne das Dreieck ABC.
Innenwinkel: $\alpha \approx 83°$, $\beta \approx 53°$, $\gamma \approx 44°$

97

6. **a)** $\alpha \approx 36°$, $\beta \approx 44°$, $\gamma \approx 100°$
b) Kein Dreieck; b + c = a
c) Kein Dreieck; a + c < b
d) $\alpha \approx 104°$, $\beta \approx 46°$, $\gamma \approx 29°$
e) $\alpha \approx 124°$, $\beta \approx 15°$, $\gamma \approx 41°$
f) Kein Dreieck; a + b < c
g) Kein Dreieck; a + c = 12
h) $\alpha = 116°$, $\beta \approx 44°$, $\gamma \approx 20°$
i) Kein Dreieck; b + c = a

7. **a)** $c \approx 5{,}4$ cm, $\alpha \approx 55°$, $\beta \approx 62{,}5°$, $\gamma \approx 62{,}5°$; ungefähre Koordinaten des dritten Eckpunktes: C (3,0 | 7,1); $h_a \approx 4{,}8$ cm; $h_b \approx 4{,}4$ cm; $h_c \approx 4{,}4$ cm; $A \approx 12\ cm^2$
b) $a \approx 5{,}8$ cm, $\alpha \approx 85°$, $\beta \approx 37°$, $\gamma \approx 59°$; ungefähre Koordinaten des dritten Eckpunktes: A (8,0 | 4,5); $h_a \approx 3{,}0$ cm; $h_b \approx 5{,}0$ cm; $h_c \approx 3{,}5$ cm; $A \approx 8{,}7\ cm^2$
c) $b \approx 5{,}8$ cm, $\alpha \approx 20°$, $\beta \approx 49°$, $\gamma \approx 111°$; ungefähre Koordinaten des dritten Eckpunktes: B (3,6 | 8,1); $h_a \approx 5{,}4$ cm; $h_b \approx 2{,}4$ cm; $h_c \approx 1{,}9$ cm; $A \approx 7\ cm^2$
d) $c \approx 5{,}1$ cm, $\alpha \approx 34°$, $\beta \approx 93°$, $\gamma \approx 53°$; ungefähre Koordinaten des dritten Eckpunktes: C (6,5 | 7,6), $h_a \approx 5{,}1$ cm; $h_b \approx 2{,}9$ cm; $h_c \approx 3{,}6$ cm; $A \approx 9{,}2\ cm^2$

97 **8.** Die kürzere Entfernung beträgt weniger als 1,7 km. Die Autobahn kann nicht gebaut werden.

9. a) $a = b$, $\alpha = \beta \approx 72{,}5°$, $\gamma \approx 35°$, $h_c \approx 4{,}8$ cm

b) $c = a$, $\alpha = \gamma \approx 54°$, $\beta \approx 73°$, $h_b \approx 3{,}1$ cm

10. a) Dreieck: nein, Rechteck: ja

b) Weil das Tor sonst nur aus einzelnen Rechtecken bestehen würde. Dann wäre es instabil (siehe Teilaufgabe a).

c) Sind sie nicht, weil die Winkel unterschiedlich groß sein können. Z. B. ein Quadrat und eine Raute mit gleicher Seitenlänge müssen nicht kongruent zueinander sein.

11. $a = 3{,}3$ cm, $b = 4{,}4$ cm, $c = 5{,}5$ cm, $\alpha \approx 37°$, $\beta \approx 53°$, $\gamma = 90°$; $A = 7{,}26\text{ cm}^2$

12. (1) Zeichne einen 52° großen Winkel mit dem Scheitelpunkt A.

(2) Zeichne eine Halbgerade h mit dem Anfangspunkt S.

(3) Wähle auf einem Schenkel des Winkels den Punkt B, auf dem anderen Schenkel den Punkt C.

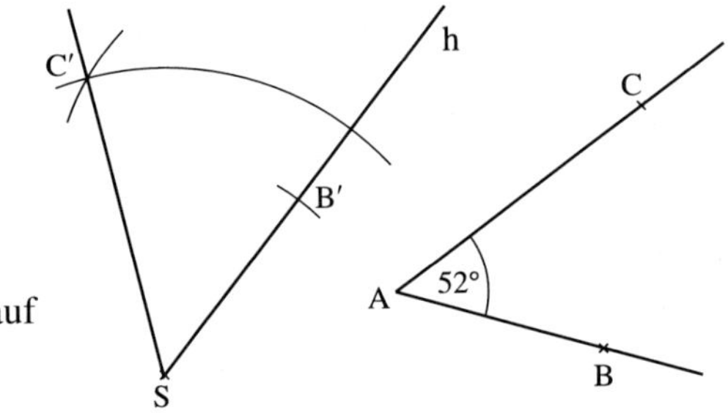

(4) Trage mit dem Zirkel auf der Halbgeraden von S aus die Strecke $\overline{AB}$ ab. Nenne den Endpunkt B'.

(5) Zeichne um S einen Kreis mit dem Radius $\overline{AC}$ und um B' einen Kreis mit dem Radius $\overline{BC}$. Er schneidet den Kreis.

(6) Die Dreiecke ABC und SB'C' sind zueinander kongruent, also gilt: $\sphericalangle B'SC' = \sphericalangle BCA = 52°$.

3.1.2 Konstruktion aus zwei Seiten und einem Winkel – Kongruenzsatz sws

98 **2.** 40°; 5,05 m

99 **3.** Kreis um A mit r = 8 cm; Schnittpunkt mit dem freien Schenkel ergibt den Eckpunkt C.
$a \approx 8{,}2$ cm; $\beta \approx 66{,}5°$, $\gamma \approx 43{,}5°$

4. a) (1) Zeichne $\overline{AC}$ mit $b = 5{,}5$ cm.

(2) Trage in C den Winkel γ an.

(3) Zeichne Kreis um C mit Radius a; bezeichne den Schnittpunkt des Kreises mit dem Schenkel von γ mit B.

99

4. a) (4) Zeichne das Dreieck ABC.
$c \approx 7{,}5$ cm, $\alpha \approx 26°$, $\beta \approx 44°$
b) Folgende Seiten und Winkel können gegeben sein: a, b, γ; b, c, α; a, c, β
Der Winkel muss kleiner als 180° sein.

5. a) $a \approx 9{,}0$ cm; $\beta \approx 49°$, $\gamma \approx 31°$
b) $b \approx 5{,}8$ cm, $\alpha \approx 30°$, $\gamma \approx 95°$
c) $c \approx 4{,}8$ cm, $\alpha \approx 58°$, $\beta \approx 41°$
d) $b \approx 8{,}3$ cm, $\alpha \approx 39°$, $\gamma \approx 15°$

6. $|BC| \approx 8{,}3$ km

7. a) $c \approx 5{,}3$ cm, $\alpha \approx 58°$, $\beta \approx 32°$
$A = 6{,}3$ cm²
b) $a \approx 2{,}6$ cm, $\beta \approx 54°$, $\gamma \approx 36°$
$A \approx 2{,}5$ cm²

8. a) $a = b$, $\alpha = \beta = 70{,}5°$, $c \approx 3{,}1$ cm
b) $a = c$, $\alpha = \gamma = 37{,}5°$, $b \approx 4{,}9$ cm

9. (1) Die Dreiecke sind kongruent zueinander, weil sie paarweise in den Längen zweier Seiten und der Größe des eingeschlossenen Winkels übereinstimmen.
(2) Die Dreiecke sind nicht zueinander kongruent, da im zweiten Dreieck γ_1 der eingeschlossene Winkel ist, der nach dem Winkelsummensatz nicht 125° groß sein kann.

3.1.3 Konstruktion aus zwei Seiten und einem Winkel – Kongruenzsatz Ssw

101

2. (1) b ist kürzer als 5 cm, aber länger als der Abstand zum anderen Schenkel des Winkels (Abstand zur Seite c).
(2) b ist kürzer als der Abstand zum anderen Schenkel des Winkels (Abstand zur Seite c).

3. *Eine Lösung:*
a ist gleich dem Abstand von B zum anderen Schenkel des Winkels (Abstand von der Seite b; $a \approx 4{,}3$ cm) oder a ist länger als c oder gleich lang, also $a \geq 5{,}7$ cm.
Zwei Lösungen:
a ist kürzer als c aber länger als der Abstand zum anderen Schenkel.
Keine Lösung:
a ist kürzer als der Abstand zum anderen Schenkel. Durch die Verkettung der Kongruenzabbildungen wird Dreieck ABC auf Dreieck RST abgebildet. Die Dreiecke sind somit kongruent zueinander.

4. *Eine Lösung:*
a ist gleich dem Abstand von B zum anderen Schenkel des Winkels (Abstand von der Seite b; $a \approx 6{,}5$ cm) oder a ist länger als c oder gleich lang, also $a \geq 8$ cm.

101

4. *Zwei Lösungen:*
a ist kürzer als c aber länger als der Abstand zum anderen Schenkel.
Keine Lösung:
a ist kürzer als der Abstand zum anderen Schenkel.

5. **a)** Konstruktionsbeschreibung:
(1) Zeichne $\overline{BC}$ mit a = 5 cm.
(2) Trage in B den Winkel $\beta = 65°$ an.
(3) Zeichne um C einen Kreis mit r = 7,5 cm; bezeichne den Schnittpunkt des Kreises mit einem freien Schenkel von β mit C.
(4) Zeichne das Dreieck ABC.
$c \approx 8{,}1$ cm, $\alpha \approx 37°$, $\gamma \approx 78°$
b) α, c, a; c, a, γ; β, a, b; b, a, α; γ, b, c; b, c, β

6. **a)** $a \approx 5{,}6$ cm, $\alpha \approx 44°$, $\beta \approx 49°$ **b)** $c \approx 3{,}6$ cm, $\beta \approx 38°$, $\gamma \approx 32°$

7. (1) *1. Lösung:* $b \approx 10{,}0$ cm, $\beta \approx 86°$, $\gamma \approx 64°$
2. Lösung: $b \approx 5{,}6$ cm, $\beta \approx 34°$, $\gamma \approx 116°$
(2) Zeichnerisch erhält man genau eine Lösung:
$b \approx 7{,}5$ cm, $\beta \approx 56°$, $\gamma \approx 90°$
(3) Es gibt keine Lösung, da der Kreis um B mit dem Radius a = 5 cm den anderen Schenkel von α nicht schneidet.

8. *Zum Beispiel:*
1. Dreieck: $c \approx 8{,}7$ cm, $\alpha \approx 53°$, $\gamma \approx 92°$
2. Dreieck: $c \approx 2{,}8$ cm, $\alpha \approx 127°$, $\gamma \approx 18°$

9. Die Entfernung beträgt ungefähr 520 m.

10. **a)** $\alpha = 90°$, $c \approx 3{,}0$ cm, $\beta \approx 47°$, $\gamma = 43°$
b) $\beta = 90°$, $c \approx 4{,}9$ cm, $\alpha \approx 34°$, $\gamma \approx 56°$

11. **a)** $a = b$, $\alpha = \beta$, $c \approx 6{,}1$ cm, $\gamma = 112°$; $h_c \approx 2{,}1$ cm; $A \approx 6{,}4$ cm²
b) $c = b$, $\beta = \gamma$, $a \approx 2{,}8$ cm, $\alpha = 50°$; $h_a \approx 3{,}0$ cm; $A = 4{,}2$ cm²

3.1.4 Konstruktion aus einer Seite und zwei Winkeln – Kongruenzsatz wsw

102

2. **a)** $\gamma = 87°$, $a \approx 3{,}25$ cm, $\beta \approx 5{,}65$ cm
b) Man kann den 3. Winkel berechnen und erhält so den Kongruenzsatz wsw.

3. $a \approx 9{,}0$ m, $b \approx 6{,}0$ m

103

4. $\beta = 20°$, $a \approx 8{,}6$ cm, $b \approx 3{,}1$ cm

103

5. **a)** Konstruktionsbeschreibung:
(1) Zeichne $\overline{AC}$ mit b = 4 cm.
(2) Trage in A den Winkel $\alpha = 40°$ an.
(3) Trage in C den Winkel $\gamma = 65°$ an; bezeichne den Schnittpunkt der beiden Schenkel mit B.
(4) Zeichne das Dreieck ABC.
$\beta = 75°$, $a \approx 2{,}7$ cm, $c \approx 3{,}8$ cm
b) Es können folgende Daten gegeben sein:
a, β, γ oder b, α, γ oder c, α, β.
Für die Winkel gilt, dass ihre Summe kleiner als 180° sein muss.

6. **a)** $a \approx 12{,}0$ cm, $b \approx 6{,}4$ cm, $\gamma = 40°$ **c)** $b \approx 8{,}8$ cm, $c \approx 5{,}3$ cm, $\alpha = 56°$
b) $a \approx 2{,}9$ cm, $c \approx 3{,}5$ cm, $\beta = 86°$ **d)** $a \approx 6{,}8$ cm, $b \approx 10{,}0$ cm, $\gamma = 30°$

7. **a)** $\gamma = 90°$, $a \approx 4{,}4$ cm, $c \approx 6{,}4$ cm, $\beta = 47°$; $A \approx 10{,}3$ cm²
b) $\gamma = 90°$, $a \approx 2{,}3$ cm, $c \approx 4{,}4$ cm, $\alpha = 31°$; $A \approx 4{,}3$ cm²

8. **a)** $a = b \approx 5{,}0$ cm, $\gamma = 46°$, $\alpha = 67°$; $A \approx 9$ cm²
b) $\alpha = \beta = 57{,}5°$, $a = b \approx 4{,}5$ cm; $A \approx 9$ cm²

9. $|AC| \approx 1{,}7$ km $|BC| \approx 2{,}3$ km

10. (1) Die Dreiecke sind zueinander kongruent, weil sie in einer Seite und den beiden anliegenden Winkeln übereinstimmen.
(2) Die Dreiecke sind nicht zueinander kongruent, da die der gegebenen Seiten anliegenden Winkel unterschiedlich groß sind.

11. $\gamma = 67°$, $e \approx 29{,}8$ m, $|BC| \approx 38{,}4$ m, $|AC| \approx 33{,}8$ m

3.1.5 Vermischte Übungen zu den Kongruenzsätzen

104

1. -

2. **a)** $c \approx 5{,}0$ cm, $\alpha \approx 66°$, $\beta \approx 47°$ (sws)
b) $b \approx 11{,}2$ cm, $\alpha \approx 32°$, $\beta \approx 95°$ (Ssw)
c) Kein Dreieck; $b + c < a$
d) $\alpha = 80°$, $b \approx 3{,}8$ cm, $c \approx 3{,}1$ cm (wsw)
e) $\alpha \approx 102°$, $\beta \approx 44°$, $\gamma \approx 34°$ (sss)
f) $\gamma = 75°$, $a \approx 3{,}8$ cm, $b \approx 4{,}8$ cm (wsw)
g) Kein Dreieck; $\alpha + \gamma > 180°$
h) $a \approx 4{,}8$ cm, $\gamma \approx 40°$, $\beta \approx 104°$ (sws)
i) $\alpha \approx 51°$, $\beta \approx 36°$, $\gamma \approx 93°$ (sss)
j) $\alpha \approx 26°$, $\gamma \approx 107°$, $c \approx 6{,}5$ cm (Ssw)
k) Kein Dreieck; Kreisbogen um B mit dem Radius a = 4,2 cm schneidet nicht den Schenkel von α.

104 **2.** **l)** $\alpha \approx 90°$, $\beta \approx 55°$, $\gamma \approx 35°$ (sss)
m) $b \approx 1{,}2$ cm, $\alpha \approx 43°$, $\beta \approx 8°$ (Ssw)
n) $\alpha = 93°$, $a \approx 15{,}0$ cm, $c \approx 13{,}4$ cm (wsw)
o) $b \approx 4{,}8$ cm, $\alpha \approx 63°$, $\gamma \approx 39°$ (sws)
p) Kein Dreieck; $\beta + \gamma > 180°$
q) $\gamma = 90°$, $c \approx 6{,}4$ cm, $b \approx 3{,}8$ cm (wsw)
r) $\beta = 55°$, $a \approx 5{,}3$ cm, $c \approx 2{,}3$ cm (wsw)

105 **3.** **a)** $\alpha = 90°$, $\beta = 63°$, $a \approx 9{,}5$ cm, $b \approx 8{,}4$ cm, $A \approx 18{,}1\ \text{cm}^2$
b) $a \approx 3{,}6$ cm, $\alpha \approx 50°$, $\beta \approx 40°$, $\gamma = 90°$, $A \approx 5{,}4\ \text{cm}^2$

4. **a)** $b \approx 4{,}8$ cm, $\alpha \approx 35°$, $\beta = \gamma \approx 72°$ **b)** $\gamma = 72°$, $\beta = 36°$, $a = c \approx 8{,}6$ cm

5. Die Winkelsumme muss 180° sein. Die Lösungsdreiecke sind nur kongruent zueinander, wenn entsprechende Seitenlängen gleich lang sind.

6. **a)** $|AB| \approx 7{,}1$ km
b) In 30 Minuten hat das Schiff 9,75 km zurückgelegt. Die Geschwindigkeit beträgt also 19,5 $\frac{\text{km}}{\text{h}}$.
c) $\alpha \approx 102°$, $\beta \approx 33°$, $\gamma \approx 45°$

7. **a)** $a \approx 7{,}1$ cm, $b \approx 4{,}0$ cm, $c \approx 5{,}8$ cm, $\alpha = 90°$, $\beta \approx 34°$, $\gamma \approx 56°$
b) $a \approx 7{,}1$ cm, $b = 5{,}0$ cm, $c = 5{,}0$ cm, $\alpha = 90°$, $\beta = \gamma = 45°$
c) $a \approx 6{,}4$ cm, $b = 5{,}0$ cm, $c \approx 5{,}8$ cm, $\alpha \approx 72°$, $\beta \approx 48°$, $\gamma \approx 60°$

8. d ist die Länge der Diagonalen der Grundfläche; $d \approx 325$ m, $s \approx 206$ m; $\alpha = \gamma \approx 38°$; $\beta \approx 104°$

106 **9.** **a)** Für ein Postpaket der Größe XL darf der Stab höchstens 61,6 cm lang sein.
b)

Postpaket XS:	26,9 cm	Postpaket L:	49,4 cm
Postpaket S:	32,1 cm	Postpaket XL:	61,6 cm
Postpaket M:	42,2 cm	Postpaket F:	41,7 cm

10. Der Fluss ist 47 m breit.

11. **a)** $\delta = 58°$ **b)** $\delta = 81°$

12. (1) $\gamma_1 = 180° - \alpha_1 - \beta_1 = 37°$
Die Dreiecke ABC und A'B'C' sind nach dem Kongruenzsatz wsw zueinander kongruent.
(2) $\alpha_1 = 180° - \beta_1 - \gamma_1 = 49°$
Die an c bzw. b_1 anliegenden Winkel sind 105° und 26° bzw. 49° und 26° groß. Die Dreiecke ABC und A'B'C' sind nicht zueinander kongruent.

106 **13.** Es gilt: $|AB| = |CD|$ (gegenüberliegende Seiten sind gleich lang)

$|BC| = |AD|$

$|AC| = |AC|$ (gleiche Strecke)

Nach dem Kongruenzsatz sss sind die Dreiecke ABC und ACD zueinander kongruent.

14. AD ist Symmetrieachse des Dreiecks.

$|BD| = |DC|$ (nach Voraussetzung)

$\beta = \gamma$ (nach Voraussetzung)

$\sphericalangle BDA = \sphericalangle CDA = 90°$ (AD ist Symmetrieachse)

Die Dreiecke ABD und ADC sind nach dem Kongruenzsatz wsw zueinander kongruent.

15. *Beispiel:* a = 4 cm; b = 5 cm; $\alpha = 45°$

1. Dreieck mit diesen Größen: c ≈ 1,7 cm; $\beta \approx 118°$ und $\gamma \approx 17°$.

2. Dreieck mit diesen Größen: c ≈ 5,4 cm; $\beta \approx 62°$; $\gamma \approx 73°$

Es ist kein Widerspruch zum Kongruenzsatz Ssw, da der gegebene Winkel α der kürzeren Seite gegenüberliegt.

3.2 Anwenden der Kongruenzsätze beim Beweisen

108 **2.** Es entsteht eine Raute EFGH.

Die Dreiecke AEH, EBF, FCG und GDH sind nach dem Kongruenzsatz sws zueinander kongruent, da je zwei Seiten auf den Rechteckseiten gleich lang sind und diese einen rechten Winkel einschließen.

Damit gilt: $|EF| = |FG| = |GH| = |HE|$

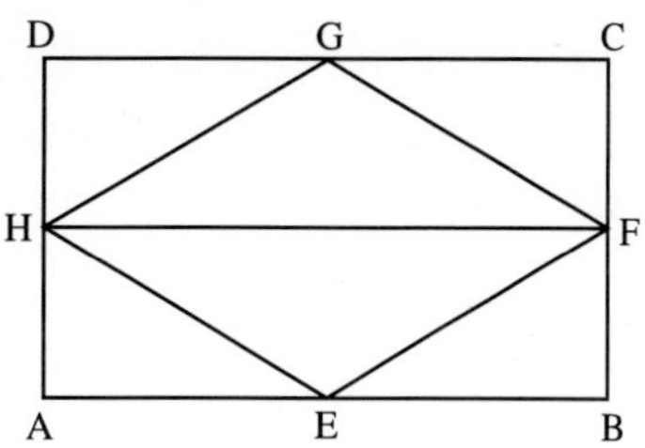

3. **a)** Es ist nach Voraussetzung $|AB| = |AD|$, $|BC| = |CD|$, $|AC| = |AC|$.

Die Dreiecke sind also kongruent zueinander (sss).

b) Nach Voraussetzung gilt $|AC| = |CB|$, $|DC| = |DC|$ und

$\sphericalangle$ CDA = $\sphericalangle$ BDC = 90°.

Mit dem Kongruenzsatz Ssw sind die Dreiecke kongruent zueinander.

c) Nach Voraussetzung gilt $|BD| = |BD|$, $|AD| = |BC|$ und

$\sphericalangle$ BAD = $\sphericalangle$ DCB (Winkel an geschnittenen Parallelen).

Demnach sind die Dreiecke kongruent zueinander (Ssw).

4. Die Dreiecke sind nicht zueinander kongruent, da die gegebenen Stücke sich nicht entsprechen. Der Winkel β liegt der gegebenen Seite einmal gegenüber und einmal liegt β an dieser Seite.

108

5. a) Es gilt: $|AB| = |DC|$, $|AD| = |BC|$ und $|BD| = |BD|$.
Nach dem Kongruenzsatz sss sind beide Dreiecke kongruent zueinander.

b) Es gilt:
$|BD| = |DC|$, $\beta = \gamma$ und $|AD| = |AD|$
Beide Dreiecke sind nach dem Kongruenzsatz Ssw kongruent zueinander.

6. a) Wegen $|AC| = |BC|$ ist das Dreieck ABC gleichschenklig. Die Basiswinkel sind also gleich groß.
Für die Dreiecke AEG und EBF gilt

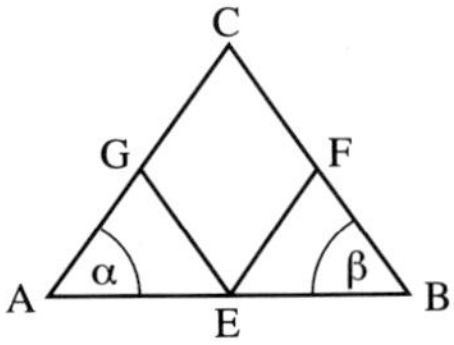

(1) $\alpha = \beta$ (Basiswinkel im gleichschenkligen Dreieck)
(2) $|AE| = |BE|$ (E halbiert $\overline{AB}$)
(3) $|AG| = |BF|$ ($|AC| = |BC|$ und F, G halbieren diese Seiten)
Die Dreiecke sind also nach dem Kongruenzsatz sws zueinander kongruent.

b) Wegen $|AD| = |BC|$ ist das Trapez ABCD ein gleichschenkliges Trapez, also achsensymmetrisch zur Symmetrieachse s. Die Winkel α und β sind also gleich groß.
Für die Dreiecke ABD und ABC gilt:

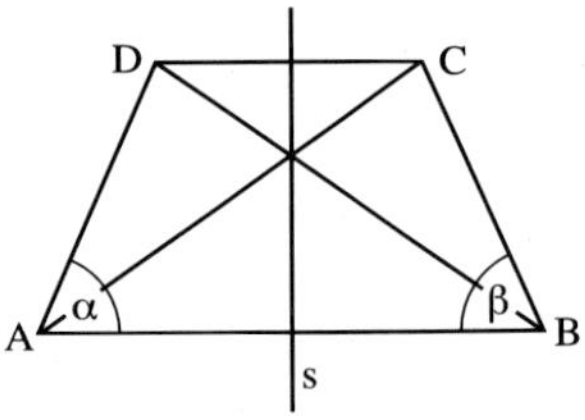

(1) $|AB| = |AB|$ (gleiche Strecke)
(2) $|AD| = |BC|$ (nach Voraussetzung)
(3) $\alpha = \beta$ (Symmetrie zur Achse s)
Die Dreiecke sind also nach dem Kongruenzsatz sws zueinander kongruent.

c) Wegen $|AC| = |BC|$ ist das Dreieck ABC gleichschenklig. Die Basiswinkel sind also gleich groß.
Für die Dreiecke ABE und ABF gilt:

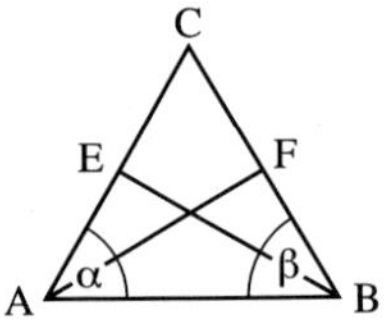

(1) $|AB| = |AB|$ (gleiche Strecke)
(2) $\alpha = \beta$ (Basiswinkel im gleichschenkligen Dreieck)
(3) $|AE| = |BF|$ ($|AC| = |BC|$ und E, F halbieren diese Seiten)
Die Dreiecke sind also nach dem Kongruenzsatz sws zueinander kongruent.

108 **6. d)** Für die Dreiecke M_1AM_2 und M_1M_2B gilt:

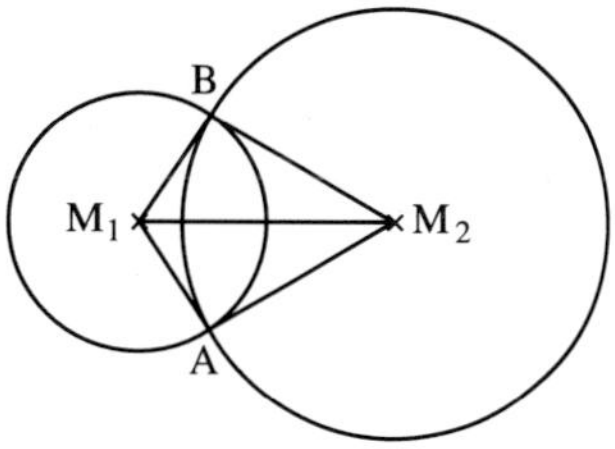

(1) $|M_1M_2| = |M_1M_2|$ (gleiche Strecke)

(2) $|M_1A| = |M_1B|$ (Radien im Kreis um M_1)

(3) $|M_2A| = |M_2B|$ (Radien im Kreis um M_2)

Die Dreiecke sind also nach dem Kongruenzsatz sss zueinander kongruent.

e) Für die Dreiecke AEM und MCF gilt:

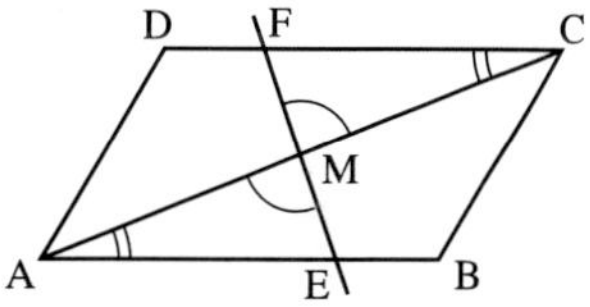

(1) $|AM| = |MC|$ (nach Voraussetzung)

(2) $\sphericalangle$ AME = $\sphericalangle$ FMC (Scheitelwinkel)

(3) $\sphericalangle$ EAM = $\sphericalangle$ FCM (Wechselwinkel)

Die Dreiecke sind also nach dem Kongruenzsatz wsw zueinander konruent.

f) Für die Dreiecke AMD und MCB gilt:

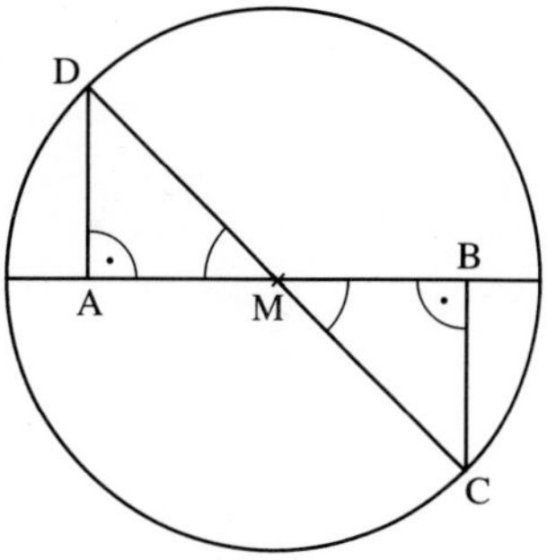

(1) $|MD| = |MC|$ (M halbiert den Durchmesser $\overline{CD}$)

(2) $\sphericalangle$ MAD = $\sphericalangle$ MBC (rechter Winkel)

(3) $\sphericalangle$ DMA = $\sphericalangle$ CMB (Scheitelwinkel)

Aus (2) und (3) folgt mit dem Winkelsummensatz auch: $\sphericalangle$ MAD = $\sphericalangle$ BCM.

Die Dreiecke sind also nach dem Kongruenzsatz wsw zueinander kongruent.

Auf den Punkt gebracht: Präsentieren auf Plakaten und Folien

109 **1.** -

110 **2.** -

3. -

4. -

3.3 Kreis und Geraden – Kreistangente

112

1. Mittelpunkt (3,5 | 4,5), Radius ≈ 2,9

2. Sekanten: $\overline{AD}$, $\overline{AC}$, $\overline{DB}$ Tangenten: $\overline{DE}$, $\overline{EC}$

Passanten: EF Durchmesser: $\overline{DB}$

3. (1) Zeichne den Kreis um M mit dem Radius r = 3 cm und eine Gerade d durch M.

(2) Konstruiere auf d einen Punkt P mit

a) $|PM| = 2$ cm; b) $|PM| = 3$ cm; c) $|PM| = 4$ cm.

(3) Konstruiere die Orthogonale zu d durch P. Diese ist die gesuchte Gerade g.

g ist in a) eine Sekante; in b) eine Tangente; in c) eine Passante.

4. Radius des Kreises einzeichnen, der im Punkt P endet. Gerade g so zeichnen, dass sie senkrecht auf dem Radius steht und durch P geht.

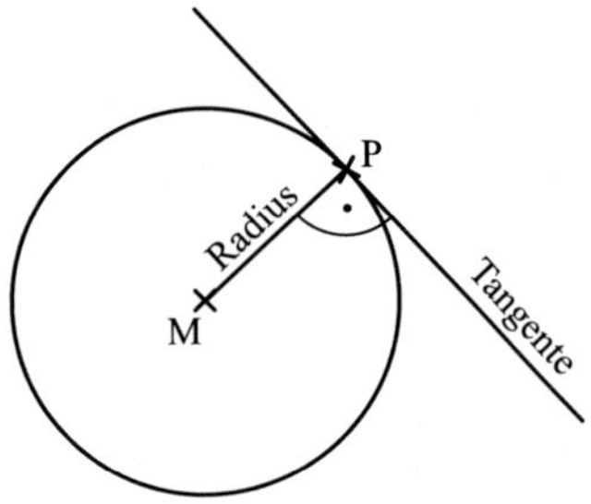

5. Konstruiere die Orthogonale zu g durch M. Den Schnittpunkt der Orthogonalen mit g nenne S_1, den Schnittpunkt der Halbgeraden $\overline{MS_1}$ mit dem Kreis nenne S_2. Der Mittelpunkt M_1 der Strecke $\overline{S_1S_2}$ ist der Mittelpunkt des gesuchten Kreises (durch S_1 und S_2).

[Konstruiere die Orthogonale zu g durch M. Den Schnittpunkt der Orthogonalen mit g nenne S_1, den Schnittpunkt der Halbgeraden $\overline{MS_1}$ mit dem Kreis nenne S_2. Der Mittelpunkt M_1 der Strecke $\overline{S_1S_2}$ ist der Mittelpunkt des gesuchten Kreises (durch S_1 und S_2).]

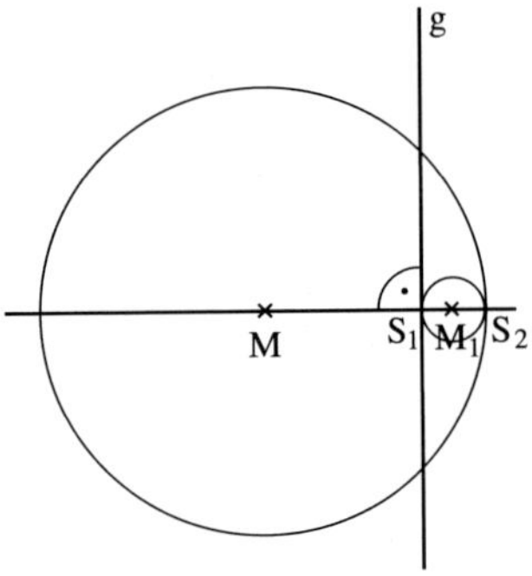

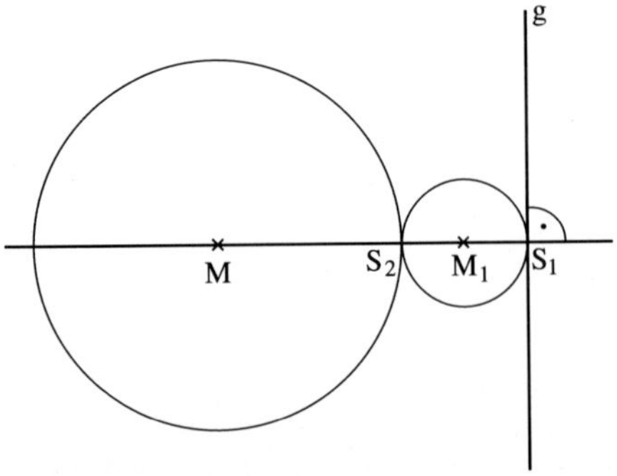

112 **6.** Die Mittelpunkte der Strecken **a)** $\overline{MP_1}$, **b)** $\overline{MP_2}$ und **c)** $\overline{MP_3}$ sind die Kreismittelpunkte.

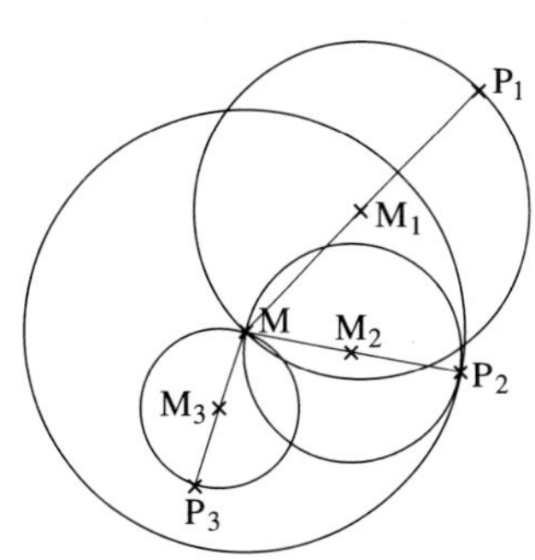

7. Aus der Zeichnung geht hervor, wie die vier inneren und die vier äußeren Kreise zu konstruieren sind. Hier sind g und h die sich unter einem Winkel von 70° kreuzenden Autobahnen; w_α und w_β sind Winkelhalbierende.

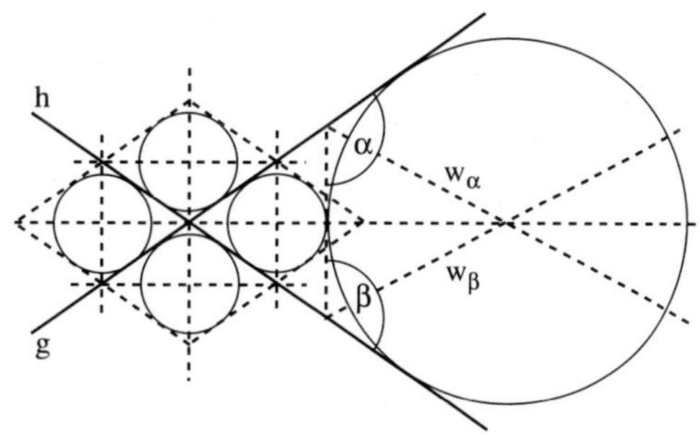

3.4 Satz des Thales und seine Umkehrung

114 **2. a)** $\alpha = 53°$
$\beta = 37°$
$\gamma = 90°$
$c = 5{,}4$ cm
$b \approx 3{,}3$ cm
$a \approx 4{,}3$ cm

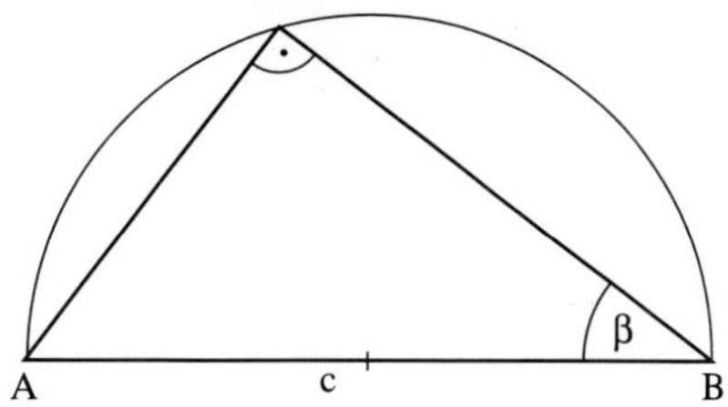

b) Es gibt zwei Dreiecke:

$\alpha = 27°$	oder	$\alpha \approx 63°$
$\beta = 63°$		$\beta \approx 27°$
$\gamma = 90°$		$\gamma = 90°$
$a \approx 2{,}1$ cm		$a \approx 4{,}2$ cm
$b \approx 4{,}2$ cm		$\beta \approx 2{,}1$ cm
$c = 4{,}7$ cm		$c = 4{,}7$ cm

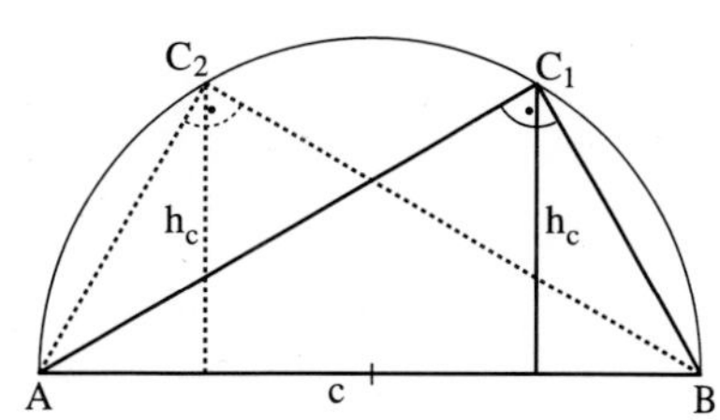

115

3. Konstruiere den Thaleskreis über $\overline{MP}$. Die Schnittpunkte S_1 bzw. S_2 sind die Berührpunkte der Tangenten an den Kreis. (MPS_1 bzw. MPS_2 sind rechtwinklige Dreiecke.)

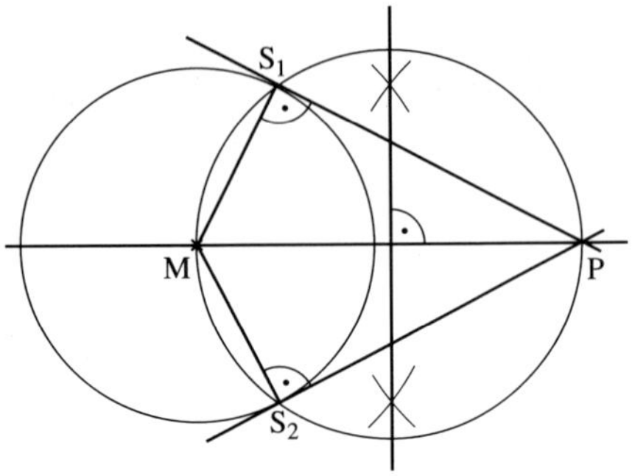

4. Die Scheitel liegen auf einem Halbkreis bzw. dem Kreis mit $\overline{AB}$ als Durchmesser.

116

5. $|MA| = |MC| = r$, das Dreieck MCA ist also gleichschenklig.
Dann gilt: $\alpha_1 = \gamma_1$ und $\varepsilon_1 = 180° - 2\alpha_1$.
Ebenso ist das Dreieck MBC gleichschenklig, also gilt auch: $\beta_1 = \gamma_2$ und $\varepsilon_2 = 180° - 2\beta_1$. Wegen $\varepsilon_1 + \varepsilon_2 = 180°$ folgt: $180° - 2\alpha_1 + 180° - 2\beta_1 = 180°$, also $2(\alpha_1 + \alpha_2) = 180°$.
Wegen $\alpha_1 + \alpha_2 = 180° - \gamma$ folgt: $2(180° - \gamma) = 180°$, also $2\gamma = 180°$ und damit $\gamma = 90°$.

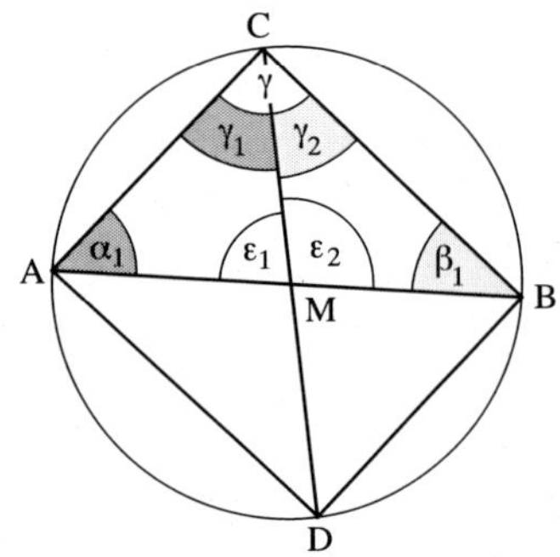

Das Viereck ABCD ist punktsymmetrisch zu M. ABCD ist ein Rechteck.

6. Der Winkel γ ist immer $90°$ groß.

7. **a)** $\alpha = 58°$ $a \approx 4{,}5$ cm; $\beta = 32°$ $b \approx 2{,}8$ cm; $\gamma = 90°$ $c = 5{,}3$ cm

b) $\alpha = 53°$ $a \approx 5{,}0$ cm; $\beta = 90°$ $b = 6{,}3$ cm; $\gamma = 37°$ $c \approx 3{,}8$ cm

8. **a)** Es gibt zwei Dreiecke:

$\alpha \approx 24°$	oder	$\alpha \approx 66°$
$\beta \approx 66°$		$\beta \approx 24°$
$\gamma = 90°$		$\gamma = 90°$
$a \approx 3{,}3$ cm		$a \approx 7{,}3$ cm
$b \approx 7{,}3$ cm		$b \approx 3{,}3$ cm
$c = 8{,}0$ cm		$c = 8{,}0$ cm

b) Es gibt zwei Dreiecke:

$\alpha \approx 23°$	oder	$\alpha \approx 67°$
$\beta = 90°$		$\beta = 90°$
$\gamma \approx 67°$		$\gamma \approx 23°$
$a \approx 2{,}5$ cm		$a \approx 5{,}9$ cm
$b = 6{,}3$ cm		$b = 6{,}3$ cm
$c \approx 5{,}9$ cm		$c \approx 2{,}5$ cm

9. Es gibt zwei Dreiecke:

$\alpha = 90°$	$a = 6{,}7$ cm	oder	$\alpha = 90°$	$a = 6{,}7$ cm
$\beta \approx 16°$	$b \approx 1{,}9$ cm		$\beta \approx 74°$	$b \approx 6{,}4$ cm
$\gamma \approx 74°$	$c \approx 6{,}4$ cm		$\gamma \approx 16°$	$c \approx 1{,}9$ cm

116 **10.** Wähle einen Punkt A auf g und konstruiere den Thaleskreis über $\overline{AP}$. Der Thaleskreis schneidet g in A und in einem zweiten Punkt B. BP ist die gesuchte Orthogonale zu g durch P, da APB ein rechtwinkliges Dreieck mit dem rechten Winkel bei B ist.

11. (1) Zeichne eine Strecke $\overline{AB}$ mit $|AB| = 2 \cdot r = 6{,}8$ cm und konstruiere den Thaleskreis zu $\overline{AB}$.

(2) Zeichne um A einen Kreis mit dem Radius r = 2,1 cm; einen Schnittpunkt mit dem Thaleskreis nenne D.

(3) Zeichne um B einen Kreis mit dem Radius r = 2,1 cm; den Schnittpunkt mit dem Thaleskreis, der auf der anderen Seite von AB als der Punkt D liegt, nenne B.

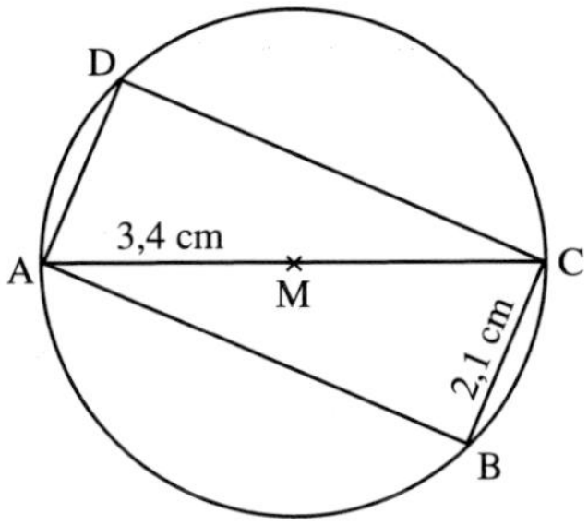

Die Punkte A, B, C, D sind Eckpunkte des gesuchten Rechtecks.

117 **12.** Konstruiere den Thaleskreis zu $\overline{AB}$ mit dem Mittelpunkt M. Ein Schnittpunkt mit der Geraden g ist der gesuchte Schnittpunkt C.
Falls der Radius des Thaleskreises größer als der Abstand von M zu g ist, gibt es zwei Schnittpunkte.
Ist der Radius gleich dem Abstand zu g, so gibt es nur einen Schnittpunkt.
Ist der Radius kleiner als der Abstand zu g, so gibt es keinen Schnittpunkt.

13. Die Kreise schneiden sich in einem Punkt D.
Aufgrund des Thalessatzes sind ABD und BCD rechtwinklige Dreiecke mit dem rechten Winkel bei D, also
$\delta_1 = \delta_2 = 180°$.
Wegen $\delta_1 + \delta_2 = 180°$ liegt D auf der Geraden AC.

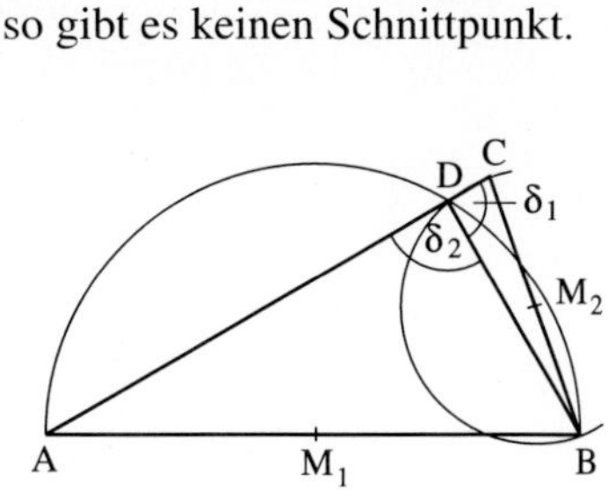

14. Der Punkt C liegt auf einem Kreis mit $\overline{AB}$ als Durchmesser. Der Mittelpunkt von $\overline{AB}$ ist auch Mittelpunkt des Kreises.

15. Druckfehler in b): … Kehrsatz des Thalessatzes

a) C liegt auf dem Kreis mit $\overline{AB}$ als Durchmesser.

b) Wenn zwei von den Endpunkten der Strecke $\overline{AB}$ ausgehende Halbgeraden sich orthogonal schneiden, dann liegt der Schnittpunkt C auf dem Kreis mit $\overline{AB}$ als Durchmesser.

16. Falls C auf dem Kreis liegt, ist $\gamma = 90°$. Falls C außerhalb des Kreises liegt, ist $\gamma < 90°$. Falls C innerhalb des Kreises liegt, ist $\gamma > 90°$.

117

17. Wenn ein Viereck keinen überstumpfen Winkel besitzt, dann sind zwei Winkel rechte.
Die Umkehrung ist falsch. *Gegenbeispiel:* Parallelogramm, das kein Rechteck ist.

18. Wenn ein Dreieck ABC rechtwinklig mit $\gamma = 90°$ ist, dann liegt C auf dem Halbkreis über der Strecke $\overline{AB}$.
Wenn in einem Dreieck die Winkel an der Basis gleich groß sind, dann ist das Dreieck gleichschenklig.
Wenn in einem Viereck gegenüberliegende Seiten gleich lang sind, dann sind die gegenüberliegenden Seiten parallel zueinander.

19. α und β sollen Stufenwinkel an den geschnittenen Geraden a und b sein.
Dann besagt der Stufenwinkelsatz:
Wenn die geschnittenen Geraden a und b parallel zueinander sind, dann sind die Stufenwinkel α und β gleich groß.

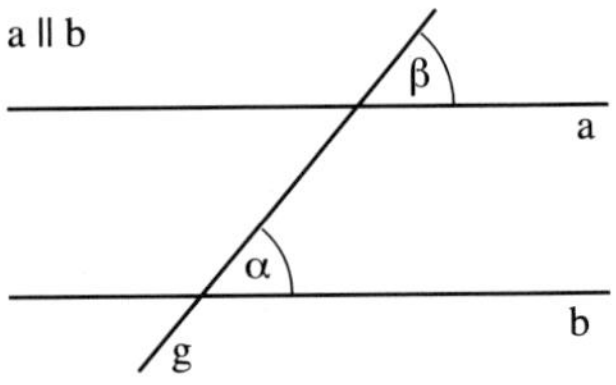

Tim behauptet: Ich habe eine Geradenkreuzung gefunden, bei der die Stufenwinkel α und β gleich groß sind, aber a nicht parallel zu b ist. Wie kann man zeigen, dass er nicht Recht hat?
Wenn die Geraden a und b nicht parallel zueinander sind, dann müssen sie sich schneiden. Es entsteht ein Dreieck mit den Innenwinkeln α, ε und γ.
Da γ ein Nebenwinkel von β ist, gilt:
$\gamma = 180° - \beta$.
Wegen $\alpha = \beta$ folgt: $\gamma = 180° - \alpha$.
Nach dem Winkelsummensatz für Dreiecke gilt dann:
$\alpha + 180° - \alpha + \varepsilon = 180°$, also $180° + \varepsilon = 180°$.

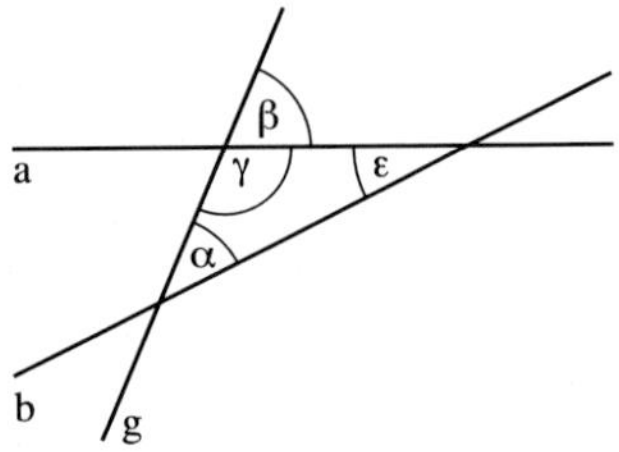

Diese Gleichung gilt nur, wenn $\varepsilon = 0°$ ist. Dies ist im Dreieck nicht möglich.
Also können die Geraden a und b sich nicht schneiden, es muss also $a \parallel b$ gelten.
Diese Art der Begründung nennt man einen *indirekten Beweis*.
Man nimmt dabei an, dass die Behauptung (hier $a \nparallel b$) falsch ist. Führt dies dann zu einem Widerspruch (hier: $\varepsilon = 0°$), muss die Annahme falsch gewesen sein und die Behauptung wahr.
Wir haben gezeigt:

Umkehrung des Stufenwinkelsatzes
Wenn die Stufenwinkel α und β an den geschnittenen Geraden a und b gleich groß sind, dann sind diese Geraden parallel zueinander.

118

20. Die Dreiecke AMC und BMC sind gleichschenklig mit der Spitze M. Die Winkelhalbierenden sind also auch die Mittelsenkrechten der Seiten $\overline{AC}$ und $\overline{BC}$.
Das Viereck MECF hat also 3 rechte Winkel bei E, C und F. Damit ist nach dem Winkelsummensatz auch der Winkel bei M ein rechter Winkel.

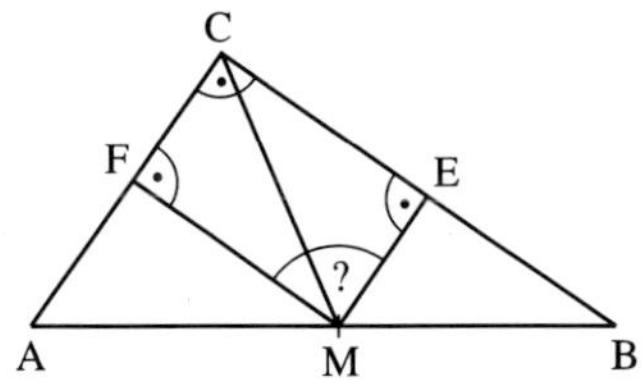

21. Das Dreieck ABC ist rechtwinklig mit $\gamma = 90°$, $\alpha = 30°$ und $\beta = 60°$ (nach dem Winkelsummensatz). Spiegelt man das Dreieck ABC an AC, so erhält man das Dreieck ABD. Die Winkel des Dreiecks sind 60° groß, ABD ist also ein gleichseitiges Dreieck mit $|AB| = |BD| = |DA|$. Da C die Seite $\overline{BD}$ halbiert, gilt $|BC| = \frac{1}{2} \cdot |AB|$.

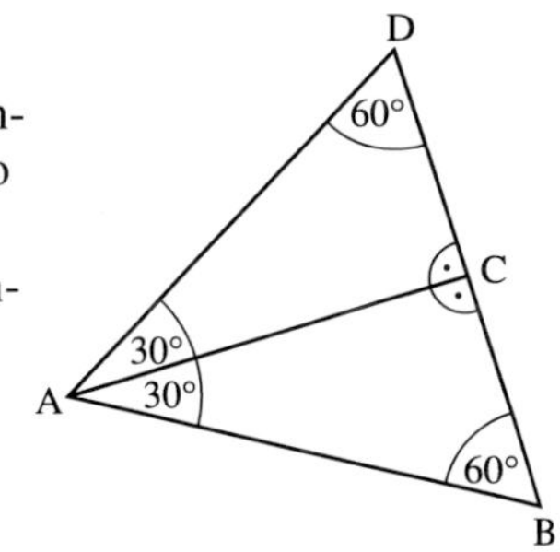

22. (1) Konstruiere den Thaleskreis über $\overline{PQ}$.
(2) Zeichne um Q einen Kreis mit dem Radius r = 2,5 cm.
(3) Verbinde P mit den Schnittpunkten S_1 bzw. S_2 der beiden Kreise.
(PQS_1 bzw. PQS_2 sind rechtwinklige Dreiecke; rechter Winkel bei S_1 bzw. bei S_2.)

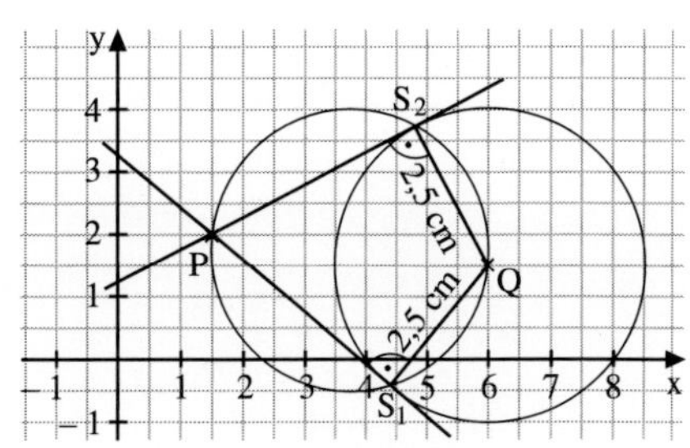

23. (1) Konstruiere den Thaleskreis über $\overline{AB}$.
(2) Zeichne um B einen Kreis mit dem Radius r = 1,8 cm.
(3) Verbinde A mit den Schnittpunkten S_1 bzw. S_2 der beiden Kreise.
(ABS_1 bzw. ABS_2 sind rechtwinklige Dreiecke; rechter Winkel bei S_1 bzw. bei S_2.)

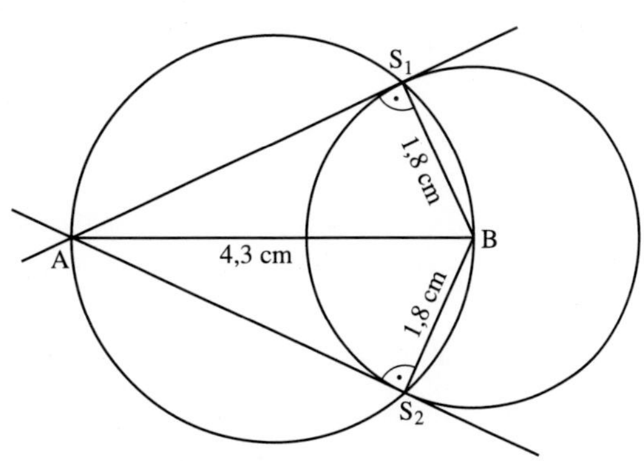

24. (1) Konstruktion einer Orthogonalen;
(2) Mithilfe des Thaleskreises ein rechtwinkliges Dreieck konstruieren.

118 **25.** (1) Zeichne eine Strecke $\overline{BC}$.
(2) Konstruiere den Thaleskreis über $\overline{BC}$.
(3) Konstruiere auf dem Thaleskreis den Punkt M_b mit $|CM_b| = |CM_a|$.
(4) Konstruiere auf $\overline{CM_b}$ den Punkt A mit $|CA| = |CB|$.
ABC ist das gesuchte Dreieck. Es handelt sich um ein gleichseitiges Dreieck.

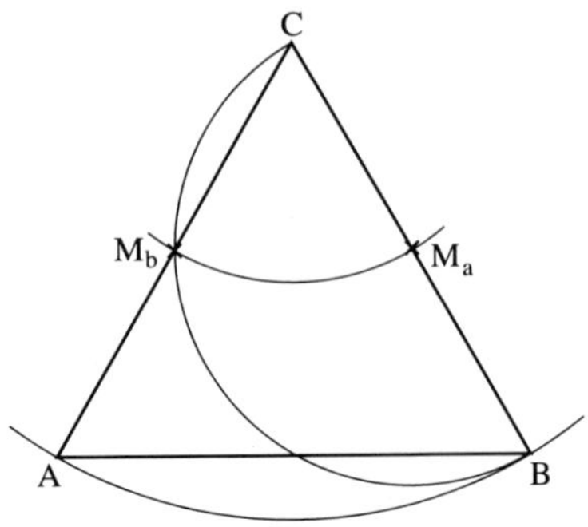

26. P_1 (7,6 | 7,8) und P_2 (10 | 3); Q_1 (7,6 | 4,2) und Q_2 (12,4 | 4,2); R_1 (11,5 | 3,5) und R_2 (11,5 | 8,6); S_1 (7,2 | 5) und S_2 (9,2 | 8,9)

27. (1) Konstruiere den Thaleskreis über $\overline{MP}$.
(2) Trage in P an die Strecke $\overline{PM}$ zu beiden Seiten einen Winkel von 22° an; die Schnittpunkte mit dem Thaleskreis nenne P_1 bzw. P_2.
(3) Zeichne um M den Kreis mit dem Radius $r = |MP_1| = |MP_2|$; dieses ist der gesuchte Kreis.

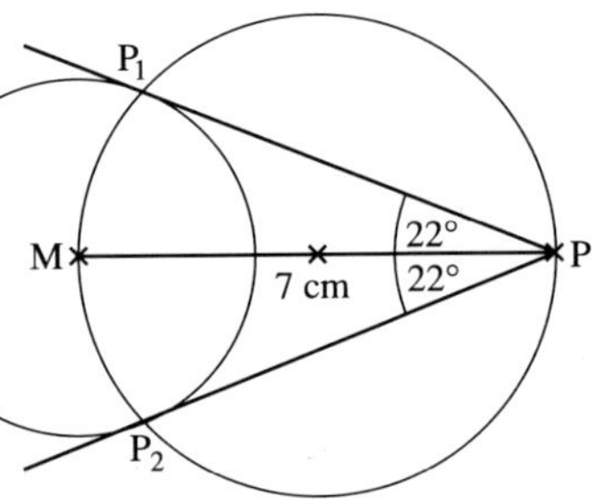

28. *1. Fall:* A liegt nicht auf g; B liegt nicht auf g
2. Fall: A liegt nicht auf g; B liegt auf g
Dann ist h = g.
3. Fall: A liegt auf g; B liegt auf g
Dann ist h = g.
4. Fall: A liegt auf g; B liegt nicht auf g
Dann ist h = AB.
(1) Konstruiere einen Kreis um A, der die Gerade g berührt.
(2) Konstruiere von B aus eine Tangente an den Kreis. Die Tangente ist die gesuchte Gerade h.

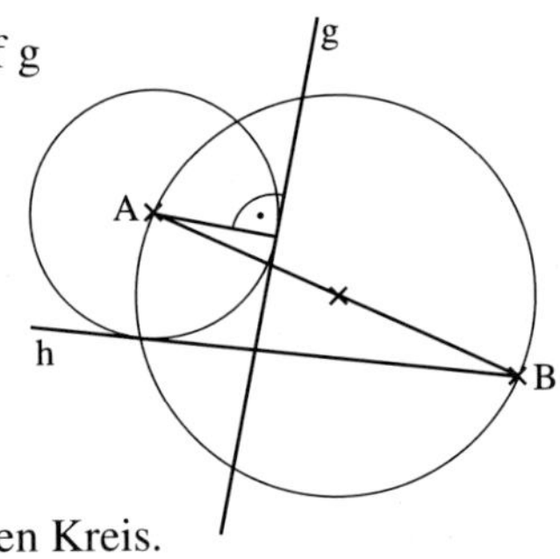

29. **a)** Die Mittelpunkte der Kreise liegen auf der Winkelhalbierenden des Winkels.
b) Der Mittelpunkt des Kreises ist der Schnittpunkt der Parallelen zu den Schenkeln des Winkels mit einem Abstand von 2,5 cm zu den Schenkeln. Er liegt auf der Winkelhalbierenden.

118 **30.**

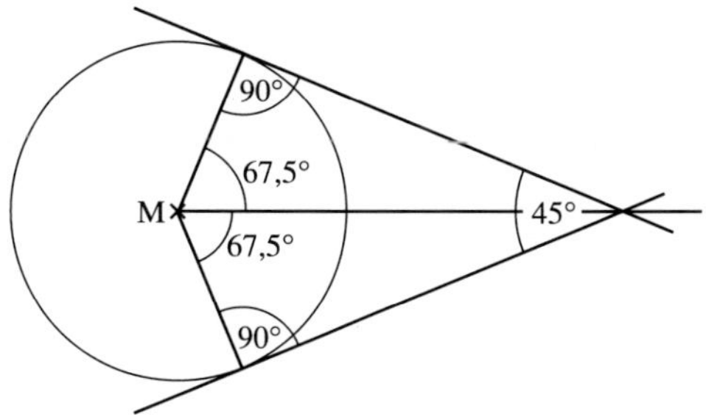

31. -

Im Blickpunkt: Thales von Milet

119 **1.** -

2. Körper und Schatten bilden einen rechten Winkel und bilden mit der roten Linie ein gleichschenkliges Dreieck, dessen Basiswinkel 45° groß sind. Das Dreieck aus Höhe der Pyramide und dessen Schatten ist auch rechtwinklig mit den Winkeln 45°, also auch gleichschenklig. Daher ist die Schattenlänge gleich der Höhe der Pyramide.

3. Die Entfernung vom Turm zum Punkt im Gebäude ist genauso groß wie die Entfernung zum Schiff.

4. -

3.5 Besondere Punkte und Linien des Dreiecks

3.5.1 Die Mittelsenkrechten des Dreiecks – Umkreis

122 **3.** Bei stumpfwinkligen Dreiecken liegt der Mittelpunkt des Umkreises außerhalb des Dreiecks, bei rechtwinkligen Dreiecken liegt er auf der dem rechten Winkel gegenüberliegenden Seite (Mittelpunkt der Seite). Sonst liegt er innerhalb der Dreiecke.

123 **4. a)** (1) Zeichne einen Kreis mit $r = 4{,}3$ cm.
(2) Wähle auf dem Kreis einen Punkt A.
Zeichne um A einen Kreis mit dem Radius $c = 5{,}7$ cm und einen Kreis mit dem Radius $b = 3{,}8$ cm. Die Schnittpunkte mit dem Kreis aus (1) sind die Eckpunkte B bzw. C des Dreiecks ABC mit:
$a \approx 8{,}0$ cm, $\alpha \approx 112°$, $\beta \approx 26°$, $\gamma \approx 42°$

123

4. **b)** (1) Zeichne einen Kreis mit dem Radius r = 3,1 cm.
(2) Wähle auf dem Kreis einen Punkt B und zeichne um B einen Kreis mit dem Radius a = 4,7 cm. Der Schnittpunkt mit dem Kreis aus (1) ist der Eckpunkt C.
(3) Trage an $\overline{BC}$ in B den Winkel $\beta = 49°$ an. Der Schnittpunkt des anderen Schenkels mit dem Kreis aus (1) ist der Eckpunkt A des Dreiecks ABC mit:
$b \approx 4{,}7$ cm, $c \approx 6{,}1$ cm, $\alpha \approx 49°$, $\gamma \approx 82°$

5. Konstruiere die Mittelsenkrechte zur Torlinie und trage auf ihr vom Tor aus 7 m ab (Kreisbogen und den Schnittpunkt der Torlinie mit der Mittelsenkrechten; Maßstab z. B. 1 cm für 1 m).

6. Man erhält die Mittelsenkrechte zu $\overline{AB}$.

7. Die Mittelsenkrechten schneiden sich in einem Punkt (dem Mittelpunkt des Umkreises).

8. Konstruiere die Mittelsenkrechte zu $\overline{PQ}$. Der Schnittpunkt mit AB ist der gesuchte Punkt S.

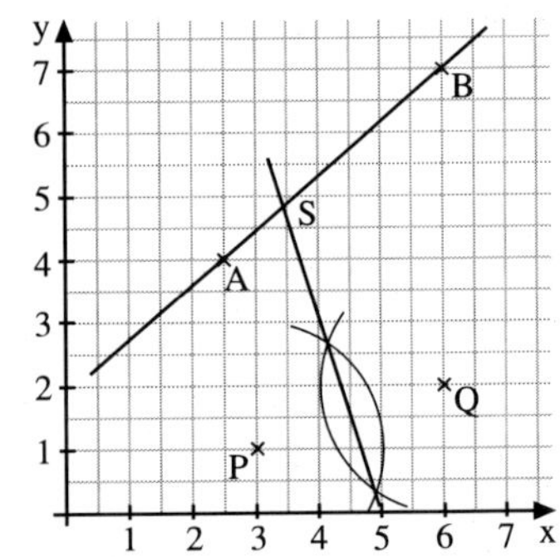

9. **a)** Alle Punkte „rechts" der Mittelsenkrechten m von $\overline{PQ}$ sind von P weiter entfernt als von Q.
b) Alle Punkte „links" der Mittelsenkrechten m von $\overline{PQ}$ und auf m liegen von P höchstens so weit entfernt wie von Q.

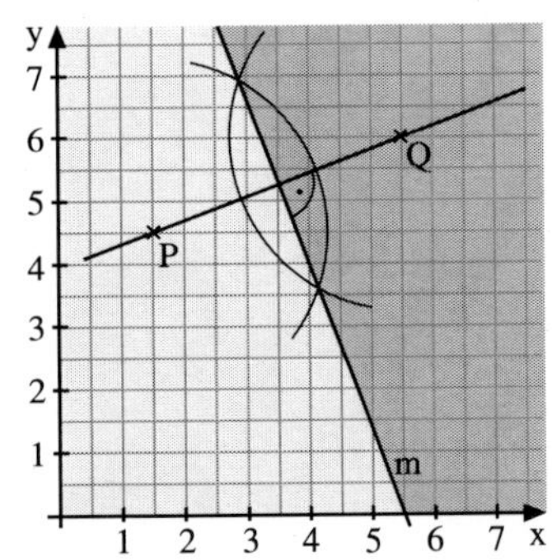

124

10. Die Anschlussstelle liegt an den Schnittpunkten der Straße mit der Mittelsenkrechten zu der Verbindungsstrecke beiden Ortschaften.

124 **11.** **a)** $b \approx 4{,}5$ cm, $\alpha \approx 75°$, $\gamma \approx 56°$, $r \approx 3{,}0$ cm
b) $b \approx 6{,}2$ cm, $\alpha \approx 39°$, $\beta \approx 64°$, $r \approx 3{,}4$ cm
c) $\alpha \approx 30°$, $\beta \approx 38°$, $\gamma \approx 112°$, $r \approx 4{,}1$ cm

12. Die Entfernung beträgt 5,0 km.

13. **a)** $b \approx 5{,}8$ cm, $\alpha \approx 49°$, $\beta \approx 75°$, $\gamma \approx 56°$
b) $c \approx 5{,}3$ cm, $\alpha \approx 23°$, $\beta \approx 13°$, $\gamma \approx 144°$
c) $a \approx 4{,}0$ cm, $b \approx 5{,}1$ cm, $\beta \approx 69°$, $\gamma \approx 63°$
d) $a \approx 4{,}9$ cm, $c \approx 4{,}1$ cm, $\alpha \approx 77°$, $\beta \approx 48°$

14. Für ein stumpfwinkliges Dreieck ist der Umkreis nicht der kleinste Kreis, der das Dreieck enthält. Für alle anderen Dreiecke ist der Umkreis der kleinste Kreis, der das Dreieck enthält.

15. Stich 4,5 m; Radius 21,5 m

16. Radius der Holzscheibe: 7,45 cm

17. **a)** Z. B. ein Quadrat.
b) Z. B. eine Raute, die kein Quadrat ist.

3.5.2 Die Winkelhalbierenden des Dreiecks – Inkreis

127 **3.** Der Mittelpunkt des Inkreises liegt immer innerhalb des Dreiecks.

128 **4.** Man erhält die Winkelhalbierende des Winkels.

5. Die Winkelhalbierenden schneiden sich in einem Punkt.

6. Der Abstand von P zu den beiden Schenkeln ist gleich groß.

7. **a)** Man erhält die Punkte S_1, S_2, S_3 und S_4 als Schnittpunkte der Winkelhalbierenden der Geradenkreuzung mit den Kreisen um den Schnittpunkt von AB und CD mit dem Radius 2,5 cm.

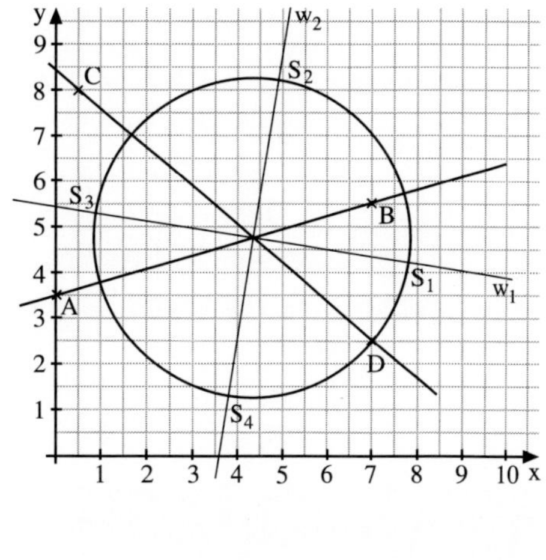

128

7. b) Man erhält die Punkte S_1, S_2, S_3 und S_4 als Schnittpunkte der Winkelhalbierenden der Geradenkreuzung mit dem Kreis um P mit dem Radius 4,2 cm.

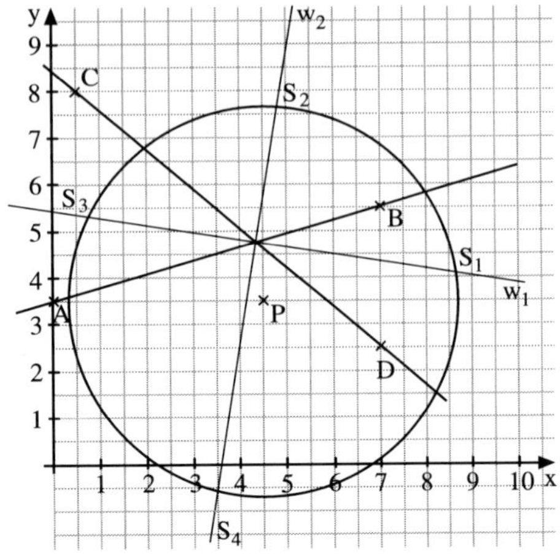

c) Man erhält die Punkte S_1 und S_2 als Schnittpunkte der Winkelhalbierenden der Geradenkreuzung mit der Mittelsenkrechten zu $\overline{PQ}$.

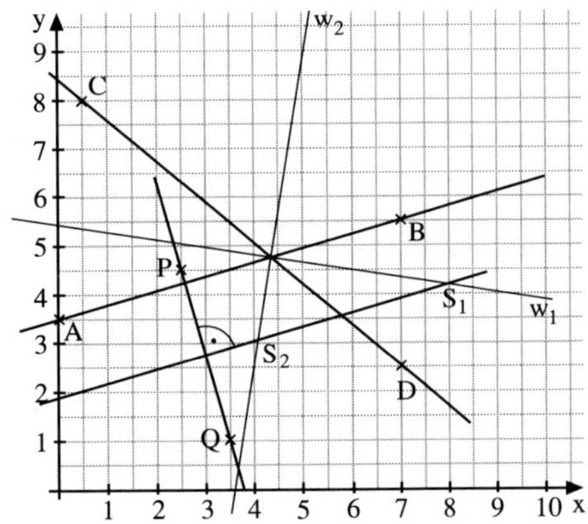

8. Der Mittelpunkt liegt auf der Winkelhalbierenden des Winkels, den die Weggabelung bildet.

9. a) $c \approx 8{,}5$ cm, $\alpha \approx 36°$, $\beta \approx 29°$, $\rho \approx 1{,}2$ cm
b) $\alpha \approx 86°$, $\beta \approx 59°$, $\gamma \approx 35°$, $\rho \approx 1{,}4$ cm
c) $a \approx 4{,}2$ cm, $b \approx 5{,}7$ cm, $\gamma \approx 80°$, $\rho \approx 1{,}5$ cm
d) $c \approx 8{,}3$ cm, $\beta \approx 28°$, $\gamma \approx 102°$, $\rho \approx 1{,}4$ cm

10. a) W (6,6 | 3,8), $\rho \approx 0{,}8$ cm
b) W (6,4 | 7,4), $\rho \approx 1{,}7$ cm
c) W (4,4 | 8,1), $\rho \approx 2{,}3$ cm
d) W (−0,8 | 1,6), $\rho \approx 2{,}0$ cm

129

11. Dies ist der Mittelpunkt des Inkreis.

12. Durchmesser des Inkreises des Dreiecks ABC: $d \approx 9{,}1$ cm
($\alpha \approx 54°$, $\beta \approx 41°$, $\gamma \approx 85°$)

129

13. *Konstruktionsbeschreibung:*
(1) Zeichne die Winkel und einen Punkt A auf einen Schenkel.
(2) Konstruiere die Winkelhalbierende des Winkels.
(3) Konstruiere die Orthogonale zu dem Schenkel, auf dem A liegt, durch A. Den Schnittpunkt der Orthogonalen mit der Winkelhalbierenden nenne M.
(4) Zeichne den Kreis um M mit Radius $\overline{AM}$.
Der Kreis berührt den Schenkel im Punkt A, aber auch den anderen Schenkel, da M von beiden Schenkeln gleichen Abstand hat.

14. *1. Fall:* a || b || c
Es gibt keine Kreise, die alle 3 Geraden berühren.
2. Fall: a || b, a ∦ c (also auch b ∦ c)
Die Gerade c schneidet die Geraden a und b in den Punkten S_a bzw. S_b.
Die Mittelpunkte der Kreise sind die Schnittpunkte der Winkelhalbierenden zwischen a und c bei S_a bzw. b und c bei S_b.

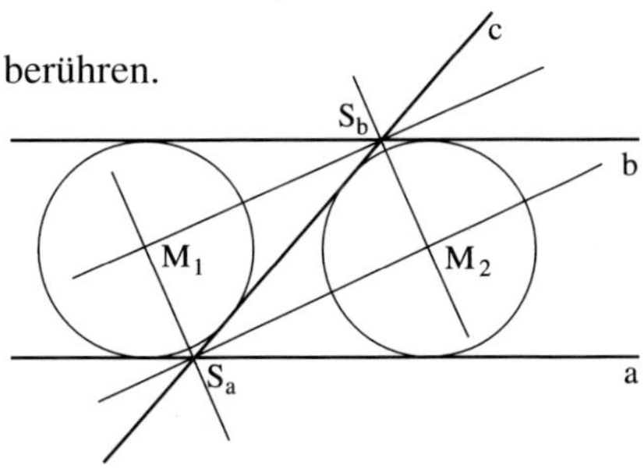

3. Fall: Alle Geraden sind nicht parallel zueinander und schneiden sich in drei Punkten A, B und C. Man erhält dann ein Dreieck ABC mit den Kreisen wie in Aufgabe 13.

15. *Konstruktionsbeschreibung:*
(1) Zeichne das Dreieck ABC und den Kreis um M mit dem Radius r = 1,5 cm.
(2) Zeichne die Orthogonale zu $\overline{AB}$ [bzw. $\overline{BC}$ bzw. $\overline{CA}$] durch M; den Schnittpunkt der Orthogonalen mit $\overline{AB}$ [bzw. $\overline{BC}$ bzw. $\overline{CA}$] nenne D [bzw. E bzw. F].
(3) Den Schnittpunkt von $\overline{MD}$ [bzw. $\overline{ME}$ bzw. $\overline{MF}$] mit dem Kreis nenne D’ [bzw. E’ bzw. F’].
(4) Konstruiere eine Parallele zu $\overline{AB}$ [bzw. $\overline{BC}$ bzw. $\overline{CA}$] durch D’ [bzw. E’ bzw. F’]. Den Schnittpunkt der Parallelen von $\overline{AB}$ mit der Parallelen von $\overline{CA}$ nenne A’, den Schnittpunkt der Parallelen von $\overline{AB}$ mit der Parallelen von $\overline{BC}$ nenne B’ und den Schnittpunkt der Parallelen von $\overline{BC}$ mit der Parallelen von $\overline{AC}$ nenne C’.
A'B'C' ist das gesuchte Dreieck.

16. **a)** $\alpha = 69°$, $a \approx 5{,}3$ cm, $b \approx 5{,}4$ cm, $c \approx 3{,}2$ cm
b) $\beta = 44°$, $a \approx 8{,}0$ cm, $b \approx 11{,}8$ cm, $c \approx 16{,}2$ cm

17. Bei gleichseitigen Dreiecken fallen die Mittelpunkte von In- und Umkreis zusammen.

18. Ungefähr 9,8 m.

129 **19.** Die Mittelsenkrechte geht durch den Kreismittelpunkt. Man benötigt also nur zwei verschiedene Stellungen des Zentrierwinkels.

3.5.3 Konstruktion von Dreiecken aus Teildreiecken

132 **3. a)** $b \approx 4{,}5$ cm, $c \approx 9{,}5$ cm, $\alpha \approx 32°$, $\beta \approx 23°$
b) $a \approx 7{,}9$ cm, $c \approx 7{,}8$ cm, $\beta \approx 23°$, $\gamma \approx 77°$
c) $b \approx 9{,}8$ cm, $c \approx 9{,}7$ cm, $\alpha \approx 27°$, $\gamma \approx 77°$
d) $a \approx 20{,}1$ cm, $c \approx 16{,}5$ cm, $\alpha \approx 114°$, $\beta \approx 17°$ bzw.
$a \approx 5{,}1$ cm, $c \approx 5{,}0$ cm, $\alpha \approx 50°$, $\beta \approx 81°$
e) $a \approx 3{,}9$ cm, $b \approx 6{,}5$ cm, $c \approx 6{,}5$ cm, $\gamma = 70°$
f) $a \approx 7{,}1$ cm, $b \approx 10{,}7$ cm, $c \approx 5{,}2$ cm, $\alpha = 35°$

4. a) $c \approx 7{,}2$ cm, $\alpha \approx 34°$, $\beta \approx 93°$, $\gamma \approx 53°$ bzw.
$c \approx 12{,}7$ cm, $\alpha \approx 18°$, $\beta \approx 35°$, $\gamma \approx 127°$
b) $c \approx 6{,}7$ cm, $\alpha \approx 37°$, $\beta \approx 48°$, $\gamma \approx 95°$ bzw.
$c \approx 1{,}4$ cm, $\alpha \approx 37°$, $\beta \approx 131°$, $\gamma \approx 12°$
c) $b \approx 4{,}6$ cm, $c \approx 4{,}6$ cm, $\alpha \approx 72°$, $\beta \approx 54°$
d) $a \approx 2{,}4$ cm, $c \approx 8{,}9$ cm, $\alpha \approx 16°$, $\beta \approx 64°$
e) $\beta = 58°$, $a \approx 3{,}7$ cm, $b \approx 3{,}8$ cm, $c \approx 4{,}2$ cm
f) $a \approx 5{,}4$ cm, $c \approx 4{,}1$ cm, $\alpha \approx 57°$, $\gamma \approx 41°$

5. a) $b \approx 6{,}0$ cm, $c \approx 4{,}9$ cm, $\alpha = \beta \approx 65{,}5°$, $\gamma \approx 49°$
b) $a = b \approx 3{,}9$ cm, $\alpha = \beta \approx 52{,}5°$, $\gamma \approx 75°$
c) $a = b \approx 4{,}3$ cm, $c \approx 6{,}5$ cm, $\beta = 40°$, $\gamma = 100°$
d) $a = b \approx 5{,}9$ cm, $\alpha = \beta \approx 45°$, $\gamma \approx 90°$
e) $a = b \approx 8{,}2$ cm, $c \approx 11{,}2$ cm, $\alpha = 47°$, $\gamma = 86°$
f) $a = b \approx 4{,}7$ cm, $c \approx 6{,}5$ cm, $\alpha = \beta = 46°$, $\gamma = 88°$

6. a) $a = b = c \approx 4{,}85$ cm, $\alpha = \beta = \gamma = 60°$; $A = 10{,}185$ cm²
b) $b \approx 2{,}5$ cm, $c \approx 4{,}6$ cm, $\alpha \approx 56°$, $\beta \approx 34°$

7. a) $a \approx 5{,}5$ cm, $b \approx 4{,}2$ cm, $c \approx 6{,}7$ cm, $\alpha \approx 54°$, $\beta \approx 39°$, $\gamma \approx 87°$ bzw.
$a \approx 5{,}5$ cm, $b \approx 6{,}7$ cm, $c \approx 4{,}2$ cm, $\alpha \approx 54°$, $\beta \approx 87°$, $\gamma \approx 39°$
b) $a \approx 5{,}4$ cm, $b \approx 6{,}0$ cm, $\alpha \approx 49°$, $\gamma \approx 73°$
c) $a = 6{,}4$ cm, $b = h_c = 4{,}8$ cm, $c = 8$ cm
d) $a \approx 5{,}0$ cm, $b \approx 3{,}5$ cm, $c \approx 6{,}1$ cm, $\beta \approx 35°$, $\gamma \approx 91°$ bzw.
$a \approx 5{,}0$ cm, $b \approx 6{,}1$ cm, $c \approx 3{,}5$ cm, $\beta \approx 91°$, $\gamma \approx 35°$

8. $\gamma = 90°$, $a \approx 5{,}68$ m, $b \approx 2{,}65$ m, $c \approx 6{,}27$ m

9. $\beta \approx 46°$, $\gamma \approx 104°$, $a \approx 4{,}43$ m, $b \approx 6{,}40$ m
Die Dachsparren müssen mindestens 4,73 m bzw. 6,70 m lang sein.

10. In einem gleichseitigen Dreieck sind die Höhen, Mittelsenkrechten und Winkelhalbierenden gleich lang.

3.6 Punktsymmetrische Vierecke – Eigenschaften

3.6.1 Parallelogramm, Rechteck, Raute, Quadrat

133 **2.** Dreieck ABC gleichschenklig: Viereck ABCD ist eine Raute.
Dreieck ABC rechtwinklig (rechter Winkel bei C): Viereck ABCD ist ein Rechteck.
Dreieck ABC rechtwinklig (rechter Winkel bei C) und gleichschenklig: Viereck ABCD ist ein Quadrat.

135 **3.** Dreieck, Parallelogramm, Rechteck, Raute, Quadrat

136 **4.** (1) Gegenüberliegende Seiten sind zueinander parallel.
(2) Quadrat, Rechteck, Raute, Parallelogramm

5. (1), (3), (5) sind Parallelogramme. Symmetriezentrum ist jeweils der Schnittpunkt der Diagonalen.

6. **a)** Es gibt drei Möglichkeiten für ein punktsymmetrisches Viereck (jeweils durch Punktspiegelung an den jeweiligen Seitenmitten). Dabei entstehen Parallelogramme.
b) ABC gleichschenklig: ABCD ist eine Raute (eine Möglichkeit)
ABC rechtwinklig: ABCD Parallelogramm (zwei Möglichkeiten)
ABCD Rechteck (Spiegelpunkt ist Mittelpunkt oder der Seite, die dem rechten Winkel gegenüberliegt.)
ABC gleichschenklig: ABCD Parallelogramm (2 kongruente Möglichkeiten) oder
ABCD Raute (Spiegelpunkt ist Mittelpunkt der Basis.)

7. $AM_cM_aM_b$, $M_cBM_aM_b$, $M_cM_aCM_b$

8. -

9.

	a	b	c	d	h_a	h_b	α	β	γ	δ
a)	6,0 cm	4,0 cm	6,0 cm	4,0 cm	3,7 cm	5,6 cm	112°	68°	112°	68°
b)	7,5 cm	5,0 cm	7,5 cm	5,0 cm	3,8 cm	5,7 cm	130°	50°	130°	50°
c)	4,7 cm	6,4 cm	4,7 cm	6,4 cm	5,5 cm	4,1 cm	120°	60°	120°	60°
d)	5,2 cm	3,9 cm	5,2 cm	3,9 cm	3,9 cm	5,1 cm	99°	81°	99°	81°

10. Symmetriezentrum ist jeweils der Schnittpunkt der Diagonalen.
a) $d \approx 6{,}5$ cm [$a \approx 2{,}6$ cm]
b) $a = 4{,}3$ cm, $d = 6{,}1$ cm, $e \approx 7{,}5$ cm [$b = 1{,}3$ cm, $c = 4{,}8$ cm, $e \approx 5{,}0$ cm]
c) $b = c = d = 4{,}2$ cm, $\beta = \delta = 65°$, $\gamma = 115°$, $e \approx 4{,}6$ cm, $f \approx 7{,}3$ cm
[$a = b = d = 3{,}8$ cm, $\alpha = \gamma = 35°$, $\beta = 145°$, $e \approx 7{,}2$ cm, $f \approx 2{,}3$ cm]

3.6.2 Eigenschaften punktsymmetrischer Vierecke

137

2. a) Wenn ein Viereck ein Parallelogramm ist, dann sind gegenüberliegende Seiten gleich lang.
Beweis des Satzes:
Voraussetzung: ABCD ist ein Parallelogramm, also
AB || CD und AD || BC.
Behauptung: |AB| = |CD| und |AD| = |BC|
Beweis: Wir beweisen die Kongruenz der Dreiecke ABC und CDA.

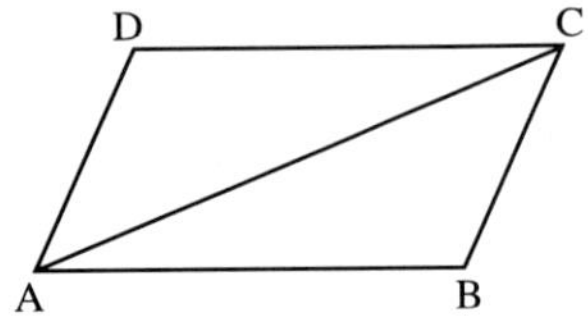

(1) |AC| = |AC| (gleiche Strecke)
(2) ∢ BAC = ∢ DCA (Wechselwinkel an Parallelen)
(3) ∢ ACB = ∢ CAD (Wechselwinkel an Parallelen)
Nach dem Kongruenzsatz wsw sind die Dreiecke ABC und CDA zueinander kongruent, also gilt:
|AB| = |CD| und |AD| = |BC|

b) Wenn ein Viereck ein Parallelogramm ist, dann sind gegenüberliegende Winkel gleich groß.
Beweis des Satzes:
Voraussetzung: AB || CD und AD || BC.
Behauptung: $\alpha = \gamma$ und $\beta = \delta$
Beweis: Nach Teilaufgabe a) sind die Dreiecke ABC und CDA zueinander kongruent, also gilt: $\beta = \delta$
Wegen

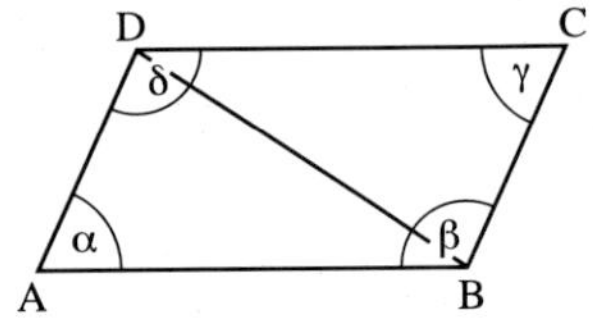

(1) |BC| = |BC| (gleiche Strecke),
(2) ∢ ADB = ∢ CBD (Wechselwinkel an Parallelen)
(3) ∢ DBA = ∢ BDC (Wechselwinkel an Parallelen)
sind auch die Dreiecke ABD und DCB nach dem Kongruenzsatz wsw zueinander kongruent, also gilt auch: $\alpha = \gamma$.

Wenn ein Viereck ein Parallelogramm ist, dann halbieren die Diagonalen einander.
Beweis des Satzes:
Voraussetzung: AB || CD und AD || BC.
Behauptung: |AM| = |CM| und |BM| = |DM|
Beweis: Wir beweisen die Kongruenz der Dreiecke ABM und CDM.

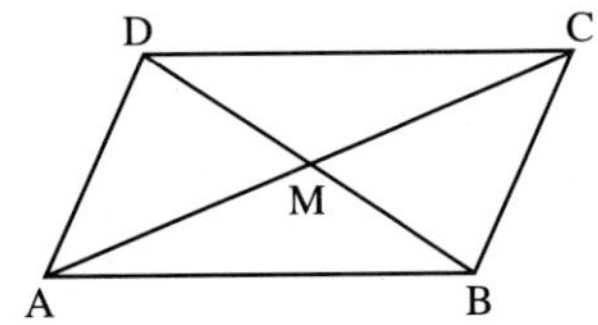

(1) |AB| = |CD| (nach Teilaufgabe a))
(2) ∢ BAM = ∢ DCM (Wechselwinkel an geschnittenen Parallelen)
(3) ∢ MBA = ∢ MDC (Wechselwinkel an geschnittenen Parallelen)
Die Dreiecke ABM und CDM sind nach dem Kongruenzsatz wsw zueinander kongruent, also gilt: |AM| = |CM| und |BM| = |DM|.

137

2. c) (a) Wenn in einem Viereck gegenüberliegende Seiten gleich lang sind, dann ist das Viereck ein Parallelogramm.

Beweis des Satzes:

Voraussetzung:

$|AB| = |CD|$ und $|BC| = |AD|$

Behauptung:

$AB \parallel CD$ und $BC \parallel AD$

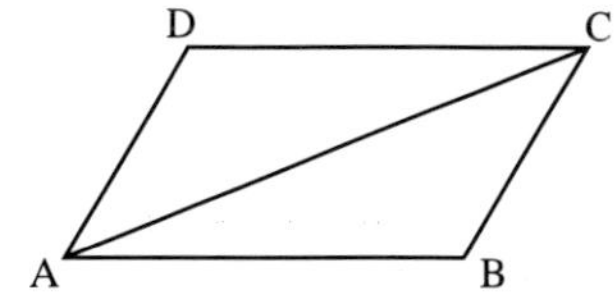

Beweis: Wir zerlegen das Viereck ABCD mit $|AB| = |CD|$ und $|BC| = |AD|$ durch die Diagonale $\overline{AC}$ in zwei Teildreiecke ABC und ACD.

Diese beiden Dreiecke sind offenbar kongruent zueinander, denn:

(1) $|AC| = |AC|$ ($\overline{AC}$ gehört zu den beiden Dreiecken)

(2) $|AB| = |CD|$ ⎫

(3) $|BC| = |AD|$ ⎭ (Voraussetzung)

Nach dem Kongruenzsatz sss gilt somit:

(4) $ABC \cong ACD$.

Folglich stimmen beide Dreiecke auch in den übrigen Stücken überein:

(5) $\sphericalangle BAC = \sphericalangle DCA$ und (6) $\sphericalangle ACB = \sphericalangle CAD$

Die Winkel $\sphericalangle BAC$ und $\sphericalangle DCA$ sind Wechselwinkel an den von der Geraden AC geschnittenen Geraden AB und DC. Aus der Gleichheit der Winkelgrößen (5) folgt die Parallelität der Geraden AB und DC: $AB \parallel CD$.

Ebenso folgt aus (6): $BC \parallel CD$.

(b) Wenn in einem Viereck gegenüberliegende Winkel gleich groß sind, dann ist das Viereck ein Parallelogramm.

Beweis des Satzes:

Voraussetzung: Im Viereck ABCD gilt: $\alpha = \gamma$ und $\beta = \delta$

Behauptung: Das Viereck ABCD ist ein Parallelogramm.

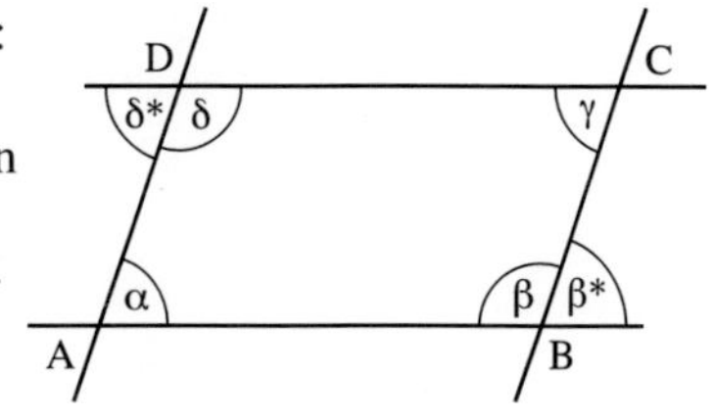

Beweis: Wir zeigen, dass gegenüberliegende Seiten zueinander parallel sind.

Nach dem Winkelsummensatz für Vierecke ist: $\alpha + \beta + \gamma + \delta = 360°$.

Wegen $\alpha = \gamma$ und $\beta = \delta$ ist $\alpha + \beta + \gamma + \delta = 2\,(\alpha + \beta) = 360°$, also $\alpha + \beta = 180°$.

Aus dem Nebenwinkelsatz ergibt sich $\beta + \beta^* = 180°$, also ist $\alpha = \beta^*$.

Nach dem Kehrsatz des Wechselwinkelsatzes gilt dann $AD \parallel BC$.

Ebenso folgt $\alpha = \delta^*$ und somit $AB \parallel CD$.

Gegenüberliegende Seiten sind also zueinander parallel. Das Viereck ABCD ist ein Parallelogramm.

137

2. c) (c) *Beweis des Satzes:* Wenn die Diagonalen eines Vierecks einander halbieren, dann ist das Viereck ein Parallelogramm.
Voraussetzung: $|AM| = |MC|$ und $|BM| = |MD|$
Behauptung: Das Viereck ist ein Parallelogramm, also $AB \parallel CD$ und $BC \parallel AD$.
Beweis:
Das Viereck wird durch die Diagonalen in vier Teildreiecke zerlegt.
Die Dreiecke ABM und DCM sind kongruent zueinander, weil:
(1) $|AM| = |MC|$ (nach Voraussetzung)
(2) $|BM| = |MD|$ (nach Voraussetzung)
(3) $\sphericalangle$ AMB = $\sphericalangle$ CMD (Scheitelwinkelsatz)
Nach dem Kongruenzsatz sws ist also ABM ≅ DCM. Somit stimmen die Dreiecke auch in den anderen Größen überein,
z. B. $\sphericalangle$ BAM = $\sphericalangle$ DCM. Beide Winkel sind Wechselwinkel an den von der Geraden AC geschnittenen Geraden AB und CD. Hieraus folgt nach dem Kehrsatz des Wechselwinkelsatzes $AB \parallel CD$.
Ebenso zeigt man $\sphericalangle$ MBA = $\sphericalangle$ MDC, also $BC \parallel AD$.

138

3. Siehe Satz auf Seite 138 des Schülerbandes und Lösung zu Aufgabe 2.

4. a) $\alpha = \gamma = 53°$, $\beta = \delta = 127°$
b) $\alpha = \gamma = 68°$, $\beta = \delta = 112°$
c) $\alpha = \gamma = 127°$, $\beta = \delta = 53°$
d) $\alpha = \gamma = 116°$, $\beta = \delta = 64°$

5. a) 57° bzw. 123°
b) $\sphericalangle$ AMD = 70°

6. Die Diagonalen zerlegen die Raute in vier zueinander kongruente Dreiecke ABM, BCM, CDM, DAM, denn es gilt für die Dreiecke ABM und BCM:
(1) $|AB| = |BC|$ (2) $\sphericalangle$AMB = $\sphericalangle$BMC (3) $\sphericalangle$ABM = $\sphericalangle$MBC
Die Dreiecke sind also nach dem Kongruenzsatz wsw zueinander kongruent.
Analog zeigt man die Kongruenz der übrigen Dreiecke.
Die Höhen der Dreiecke sind also alle gleich lang, d. h. der Schnittpunkt der Diagonalen hat von allen Seiten den gleichen Abstand.

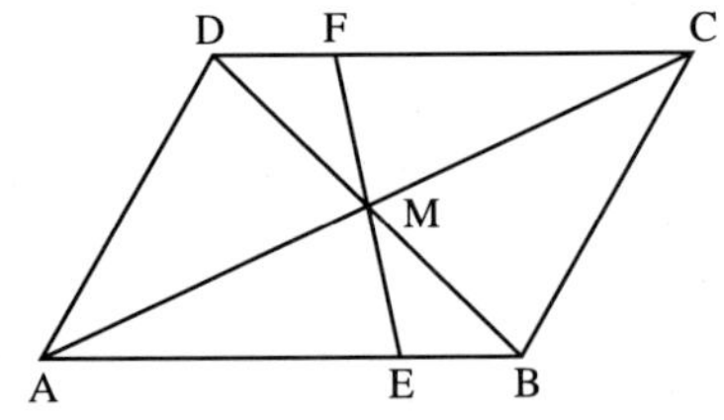

7. a) *Voraussetzung:* ABCD ist ein Parallelogramm und M der Schnittpunkt der beiden Diagonalen.
Dann gilt: $|AM| = |MC|$.
Behauptung: $|EM| = |MF|$
Beweis: Wir zeigen die Kongruenz der Dreiecke AEM und CFM.
(1) $\alpha_1 = \gamma_1$ (Wechselwinkelsatz)
(2) $\varepsilon_1 = \varepsilon_2$ (Scheitelwinkelsatz)
(3) $|AM| = |MC|$ (nach Voraussetzung)
Nach dem Kongruenzsatz wsw sind die Dreiecke AEM und CFM zueinander kongruent. Damit gilt auch $|EM| = |MF|$.

b) M ist der Mittelpunkt aller Strecken, die durch M gehen, mit den Endpunkten auf den Seiten des Parallelogramms.

138

7. c) Die Strecke $\overline{EF}$ ist am kürzesten, wenn sie orthogonal zur längsten Seite des Parallelogramms ist. Die Strecke $\overline{EF}$ ist am längsten, wenn sie gleich der längeren Diagonalen des Parallelogramms ist.

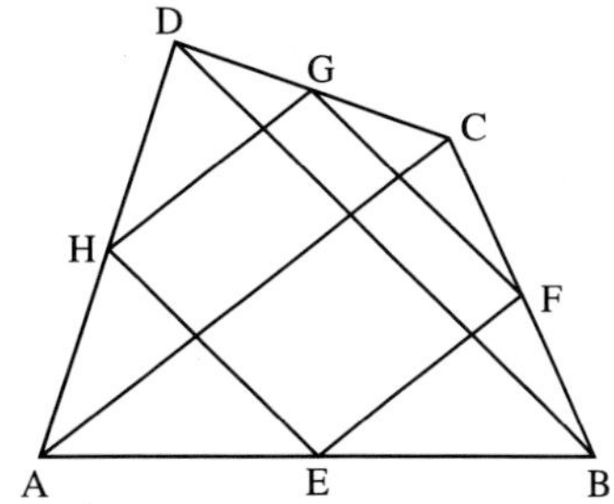

8. a) Man erhält ein Parallelogramm.
Voraussetzung: E, F, G, H sind die Mitten der Seiten im Viereck ABCD.
Behauptung: EFGH ist ein Parallelogramm, also EF || HG und EH || FG.
Beweis: EF ist Mittelparallele im Dreieck CAB und HG ist Mittelparallele im Dreieck ACD, also EF || AC und HG || AC. Daraus folgt: EF || HG.
Entsprechend gilt EH || BD und FG || BD, also FH || EG.

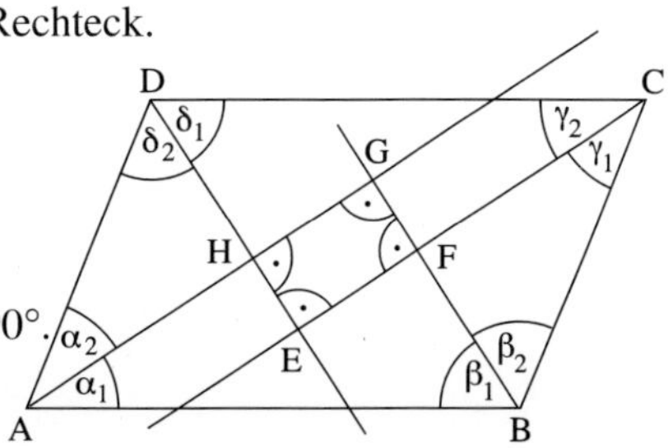

b) Die Winkelhalbierenden bilden ein Rechteck.
Für das Parallelogramm ABCD gilt:
$\alpha + \delta = 180°$, also $\frac{\alpha}{2} = \frac{\delta}{2} = 90°$.
Im Dreieck AHD ist dann
$\alpha_2 + \delta_2 = 90°$.
Der Winkel $\sphericalangle$ DHA ist also gleich 90°.
Somit ist auch $\sphericalangle$ EHG nach dem Scheitelwinkelsatz gleich 90°.
Dies lässt sich auch für die übrigen drei Winkel des Vierecks EFGH zeigen. Somit ist EFGH ein Rechteck.

9. Gegenüberliegende Seiten sind gleich lang. Das Viereck ist also ein Parallelogramm (siehe Lösung (c) zu Aufgabe 2c).

10. Man konstruiert zunächst das Dreieck ABM nach dem Kongruenzsatz sws, dann das Dreieck MCD auch nach dem Kongruenzsatz sws ($\sphericalangle$ CMD = $\sphericalangle$ AMB = 128°; Scheitelwinkelsatz) und erhält so das Viereck ABCD: Es handelt sich vermutlich um ein Parallelogramm.

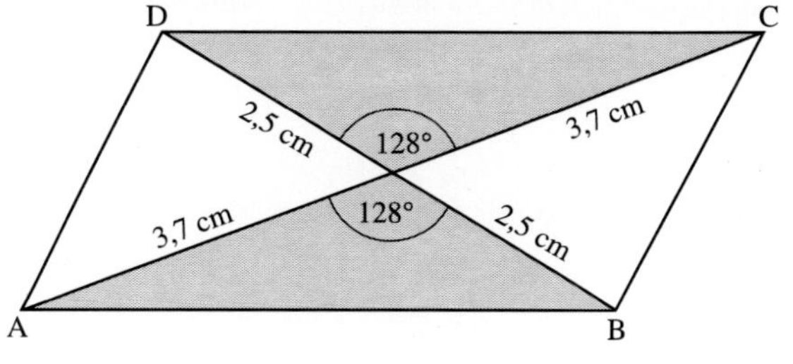

11. Links Rauten, rechts Parallelogramm und Rechteck.

3.7 Achsensymmetrische Vierecke – Eigenschaften

3.7.1 Quadrat, Rechteck, Raute, gleichschenkliges Trapez, Drachenviereck

141 **2.** -

142 **3.** (1) Mindestens zwei Seiten sind gleich lang. Die Diagonalen sind zueinander orthogonal oder gleich lang oder beides.
(2) Quadrat, Rechteck, Raute, Trapez, Drachenviereck

4. a)

Viereck	A	B	C	D	E	F	G	H	I	J	K	L
Rechteck		X					X					
Quadrat							X					
Raute							X					
Trapez	X	X	X		X	X	X	X	X	X		
Parallelogramm		X	X				X		X			
gleichschenkl. Trapez		X					X					
Drachenviereck							X				X	X

b)

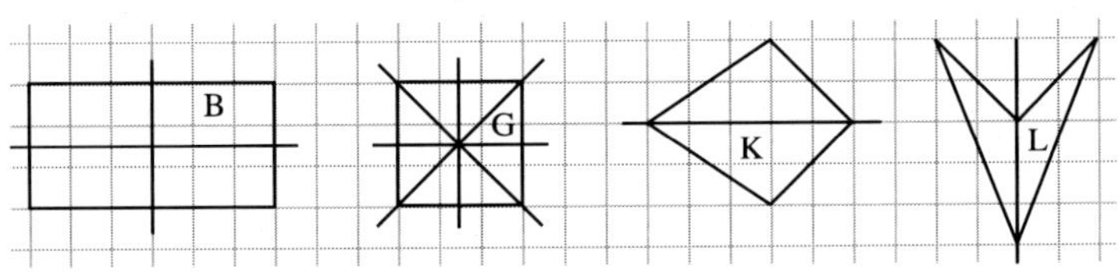

5. a) (1) $a = 4{,}0$ cm, $b = 2{,}9$ cm, $c \approx 0{,}3$ cm, $d = 2{,}9$ cm,
$\alpha = 51°$, $\beta = 51°$, $\gamma = 129°$, $\delta = 129°$
(2) $a \approx 5{,}9$ cm, $b = 1{,}9$ cm, $c = 3{,}7$ cm, $d = 1{,}9$ cm,
$\alpha = 55°$, $\beta = 55°$, $\gamma = 125°$, $\delta = 125°$

b) (1) $a = 3{,}2$ cm, $b = 8{,}4$ cm, $c = 3{,}2$ cm, $d \approx 13{,}2$ cm,
$\alpha = 41°$, $\beta = 139°$, $\gamma = 139°$, $\delta = 41°$
(2) $a = 2{,}9$ cm, $b \approx 4{,}0$ cm, $c = 2{,}9$ cm, $d = 7{,}2$ cm,
$\alpha = 57°$, $\beta = 123°$, $\gamma = 123°$, $\delta = 57°$

c) (1) $a = 4{,}2$ cm, $b = 1{,}9$ cm, $c = 1{,}9$ cm, $d = 4{,}2$ cm,
$\alpha = 33°$, $\beta \approx 125°$, $\gamma \approx 77°$, $\delta \approx 125°$
(2) $a = 2{,}9$ cm, $b = 5{,}1$ cm, $c = 5{,}1$ cm, $d = 2{,}9$ cm,
$\alpha \approx 58°$, $\beta = 135°$, $\gamma \approx 32°$, $\delta = 135°$

142 **6. a)**

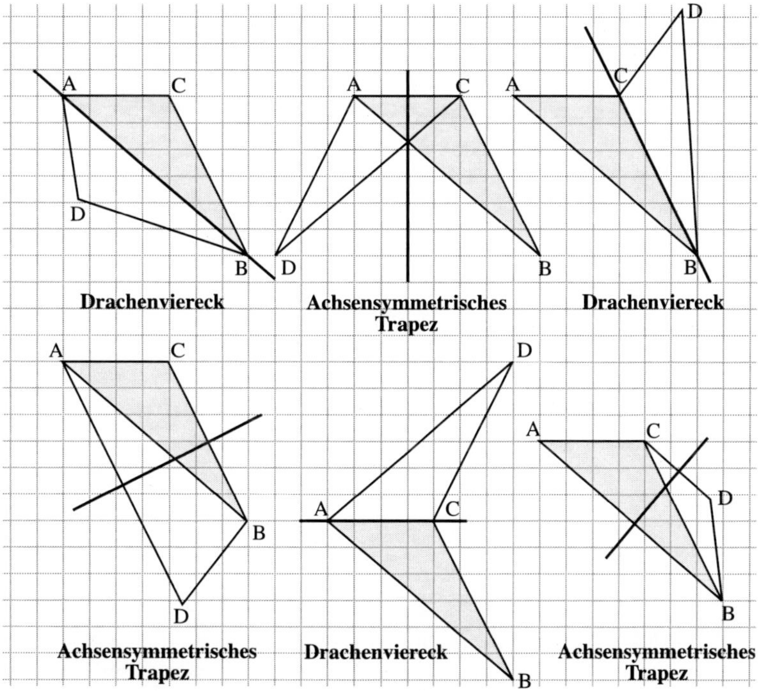

b)

spitzwinkliges Dreieck:	Trapez, Drachenviereck
rechtwinkliges Dreieck:	Rechteck, Drachenviereck
gleichseitiges Dreieck:	Raute
gleichschenkliges Dreieck:	Raute, Trapez, Drachenviereck

7. Ein Parallelogramm ist achsensymmetrisch, wenn
(1) alle Seiten gleich lang sind (Raute) oder
(2) alle Winkel 90° groß sind (Rechteck).
Bei einem Quadrat sind sogar (1) und (2) erfüllt.

8. *Beispiele:*

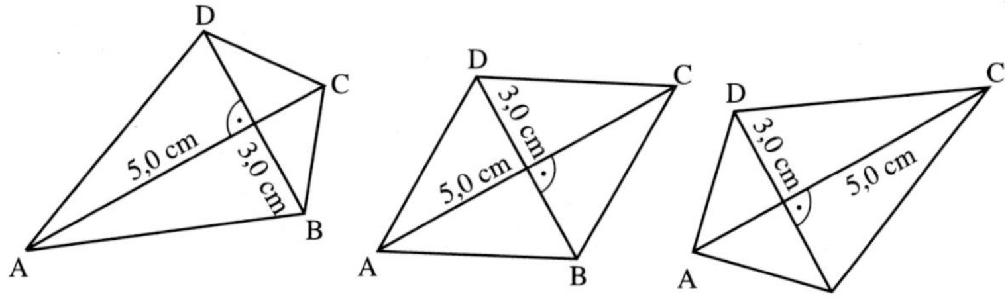

143 **9.** $a = d \approx 53{,}9$ cm
$b = c \approx 28{,}3$ cm
$\alpha \approx 44°$, $\beta = \delta \approx 113°$; $\gamma = 90°$

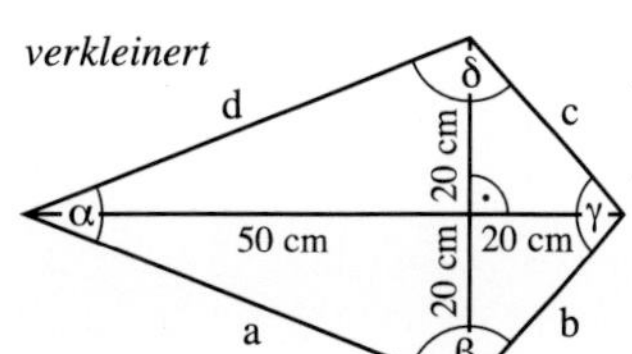

143 **10.**

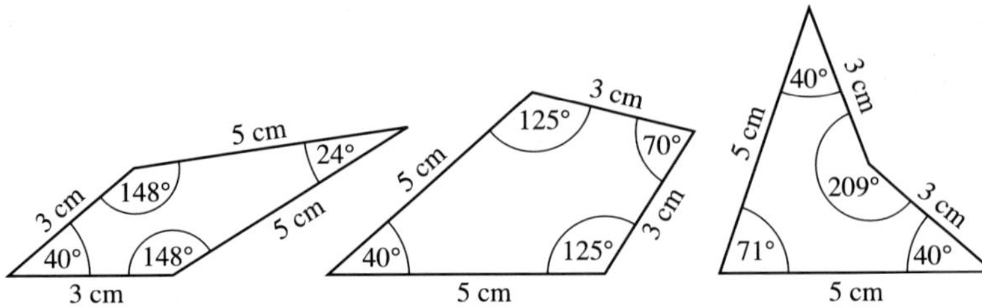

11. a) (1) Zeichne ein Dreieck ABC mit $\alpha < 90°$. (Sonst ist ein anderer Winkel kleiner als 90°.)

(2) Trage in B an $\overline{BA}$ einen Winkel der Größe α an.

(3) Konstruiere durch C die Parallele zu AB; ihr Schnittpunkt mit dem freien Schenkel des Winkels aus (2) ist der Punkt D.

ABCD ist ein gleichschenkliges Trapez.

Beispiel:

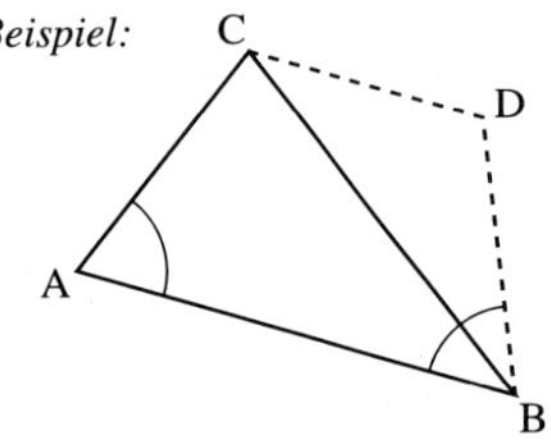

b) *Drachenviereck*

(1) Zeichne einen 70° großen Winkel mit dem Scheitel S und den Schenkeln a und b; wähle einen Punkt P im Inneren des Winkels.

(2) Konstruiere die Mittelsenkrechte m zu $\overline{SP}$; ihre Schnittpunkte A mit a und B mit b sind die gesuchten Punkte, denn: Aufgrund der Eigenschaften der Mittelsenkrechten gilt:
$|BP| = |BS|$ und $|AP| = |AS|$

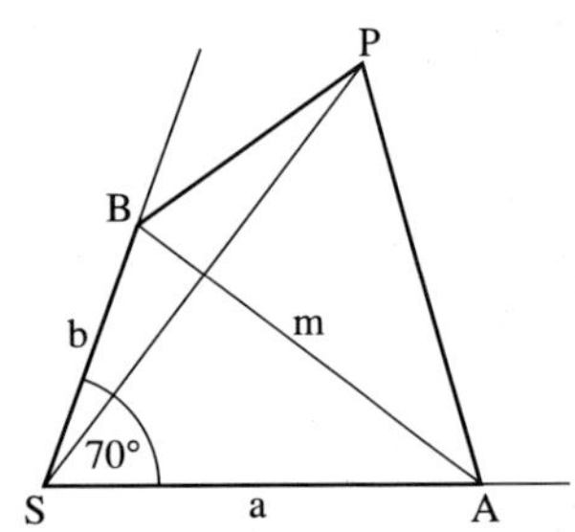

Gleichschenkliges Trapez

(1) Zeichne einen 70° großen Winkel mit dem Scheitel S und den Schenkeln a und b; wähle einen Punkt P im Inneren des Winkels.

(2) Konstruiere durch P die Parallele zu a; ihr Schnittpunkt mit b ist der Punkt B.

(3) Trage in P an $\overline{PB}$ einen Winkel der Größe $\sphericalangle$ SBP ab; der Schnittpunkt des freien Schenkels mit a ist der Punkt A. SAPB ist das gesuchte Trapez.

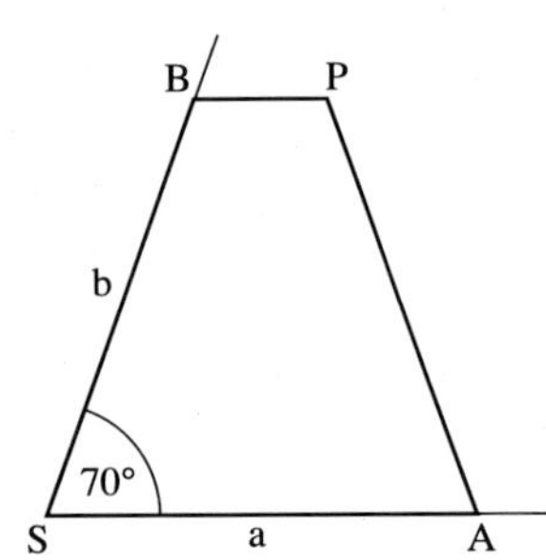

3.7.2 Eigenschaften achsensymmetrischer Vierecke

144

2. a) Die Diagonalen sind gleich lang.
Begründung:
Das Rechteck ist achsensymmetrisch zu den Mittellinien. Daraus folgt:
$|AM| = |BM|$ und $|DM| = |CM|$, also $|AM| + |CM| = |BM| + |DM|$, also
$|AC| = |BD|$

b) Die Diagonalen sind gleich lang und orthogonal zueinander.
Sie halbieren die Innenwinkel.
Begründung:
Das Quadrat ist ein Rechteck, also sind nach Teilaufgabe a) die Diagonalen gleich lang.
Das Quadrat ist ein Drachenviereck, also sind die Diagonalen orthogonal zueinander. Die Diagonalen sind Symmetrieachsen, also halbieren die Diagonalen die Innenwinkel.

c) Die beiden Schenkel sind gleich lang, die Diagonalen sind gleich lang und die Basiswinkel an jeder Grundseite sind gleich groß.
Begründung:
Das gleichschenklige Trapez ist achsensymmetrisch zur Mittelsenkrechten der Grundseiten.
A wird bei Spiegelung an der Symmetrieachse auf B und D auf C abgebildet. Sie sind Symmetriepartner, also sind die Diagonalen $\overline{AB}$ und $\overline{BD}$ gleich lang. Die Seite $\overline{AD}$ wird bei Spiegelung an der Symmetrieachse auf die Seite $\overline{BC}$ abgebildet (und umgekehrt), also sind die beiden Schenkel gleich lang.
Der Winkel α wird bei Spiegelung an der Symmetrieachse auf den Winkel β abgebildet (und umgekehrt); ebenso δ auf γ (und umgekehrt), also sind die Basiswinkel an den Grundseiten gleich groß: $\alpha = \beta$ und $\gamma = \delta$.

d) Die beiden Diagonalen $\overline{AC}$ und $\overline{BD}$ sind orthogonal zueinander und halbieren die Innenwinkel.
Begründung:
Der Punkt D ist Symmetriepartner von B. Die Verbindungsgerade von Symmetriepartnern ist orthogonal zur Symmetrieachse.
Die Teildreiecke BCD und BDA sind gleichschenklig, die Gerade AC ist die Symmetrieachse. Die Diagonale halbiert somit die Winkel γ und δ.
Ebenso halbiert die Diagonale BD die beiden Winkel β und δ.

144

3. Weitere Eigenschaften sind: Die Diagonalen sind orthogonal zueinander und halbieren die Innenwinkel.

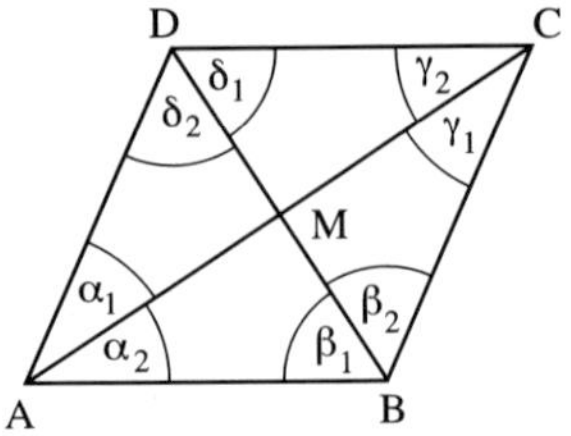

Beweis:
In einer Raute sind alle vier Seiten gleich lang. Die Diagonalen halbieren sich und gegenüberliegende Winkel sind gleich groß.
Für die Dreiecke ABM und BCM gilt dann:
(1) $|AB| = |BC|$ (Seiten sind gleich lang)
(2) $|AM| = |CM|$ (Diagonalen halbieren sich)
(3) $|BM| = |BM|$ (gleiche Strecken)
Die Dreiecke ABM und BCM sind nach dem Kongruenzsatz sss zueinander kongruent.
Ebenso zeigt man, dass die Dreiecke CDM und DAM zueinander kongruent sind.
Für die Dreiecke ABM und DAM gilt:
(1) $|AM| = |AM|$ (gleiche Strecken)
(2) $|BM| = |DM|$ (Diagonale halbieren sich)
(3) $|AB| = |DA|$ (Seiten sind gleich lang)
Die Dreiecke ABM und DAM sind nach dem Kongruenzsatz sss zueinander kongruent.
Ebenso zeigt man, dass die Dreiecke BCM und CDM zueinander kongruent sind.
Die Dreiecke ABM, BCM, CDM und DAM sind also zueinander kongruent.
Für die Winkel gilt also $\alpha_1 = \alpha_2$, $\beta_1 = \beta_2$, $\gamma_1 = \gamma_2$ und $\delta_1 = \delta_2$.
Die Diagonalen halbieren also die Innenwinkel.
Die vier Winkel bei M sind gleich groß. Die Winkelsumme beträgt 360°. Jeder Winkel ist ein rechter Winkel. Die Diagonalen sind also zueinander orthogonal.

4. a) *Eigenschaften des Drachenvierecks*
(a) Wenn ein Viereck ein Drachenviereck ist, dann sind wenigstens zwei gegenüberliegende Winkel gleich groß.
(b) Wenn ein Viereck ein Drachenviereck ist, dann sind die Diagonalen orthogonal zueinander.
(c) Wenn ein Viereck ein Drachenviereck ist, dann halbiert wenigstens eine Diagonale die andere.

Eigenschaften des gleichschenkligen Trapezes
(a) Wenn ein Viereck ein gleichschenkliges Trapez ist, dann sind die beiden Schenkel gleich lang.
(b) Wenn ein Viereck ein gleichschenkliges Trapez ist, dann sind die Diagonalen gleich lang.
(c) Wenn ein Viereck ein gleichschenkliges Trapez ist, dann sind die Basiswinkel an jeder Grundseite gleich groß.

144

4. b) *Umkehrung der Sätze zum Drachenviereck*

(a) Wenn in einem Viereck wenigstens zwei gegenüberliegende Winkel gleich groß sind, dann ist das Viereck ein Drachenviereck.

(b) Wenn in einem Viereck die Diagonalen orthogonal zueinander sind, dann ist das Viereck ein Drachenviereck.

(c) Wenn in einem Viereck wenigstens eine Diagonale die andere halbiert, dann ist das Viereck ein Drachenviereck.

Umkehrung der Sätze zum gleichschenkligen Trapez

(a) Wenn in einem Viereck zwei gegenüberliegende Seiten (die Schenkel) gleich lang sind, dann ist das Viereck ein gleichschenkliges Trapez.

(b) Wenn in einem Viereck die Diagonalen gleich lang sind, dann ist das Viereck ein gleichschenkliges Trapez.

(c) Wenn in einem Viereck die Winkel an zwei gegenüberliegenden Seiten gleich groß sind, dann ist das Viereck ein gleichschenkliges Trapez.

c) *Kehrsätze zum Drachenviereck*

(a) Dieser Kehrsatz ist falsch.
Gegenbeispiel: Siehe Bild.
Die Winkel bei A und bei C sind rechte Winkel.
Das Viereck ist aber kein Drachenviereck.

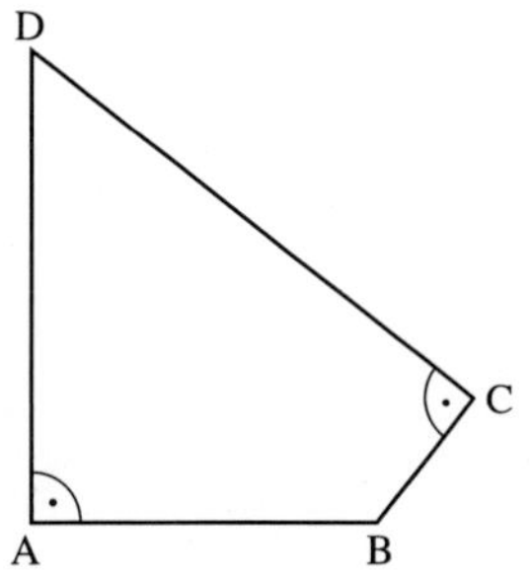

(b) Dieser Kehrsatz ist falsch.
Gegenbeispiel: Siehe Bild.
Das Viereck ist kein Drachenviereck, da benachbarte Seiten nicht gleich lang sind.

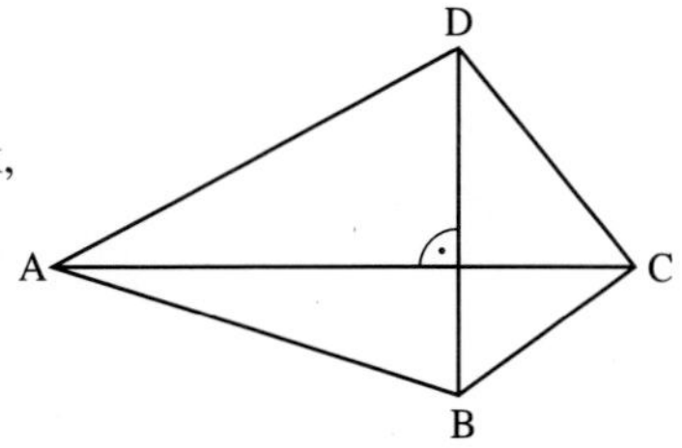

(c) Dieser Kehrsatz ist falsch.
Gegenbeispiel: Siehe Bild.
Die Diagonale $\overline{AC}$ halbiert die Diagonale $\overline{BD}$, aber benachbarte Seiten sind nicht gleich lang.

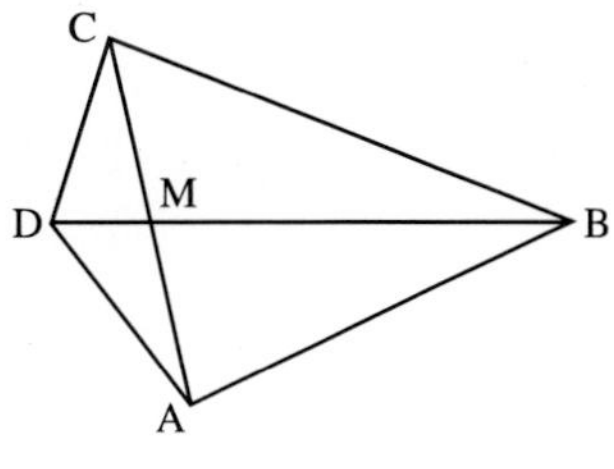

144

4. c) *Kehrsätze zum gleichschenkligen Trapez*

(a) Dieser Kehrsatz ist falsch.
Gegenbeispiel: Parallelogramm, das kein Rechteck ist. Gegenüberliegende Seiten sind gleich lang, aber die Winkel an einer Seite sind nicht gleich groß.

(b) Dieser Kehrsatz ist falsch.
Gegenbeispiel: Siehe Bild.
Die Diagonalen sind gleich lang, das Viereck ist ein Drachenviereck, aber kein Trapez.

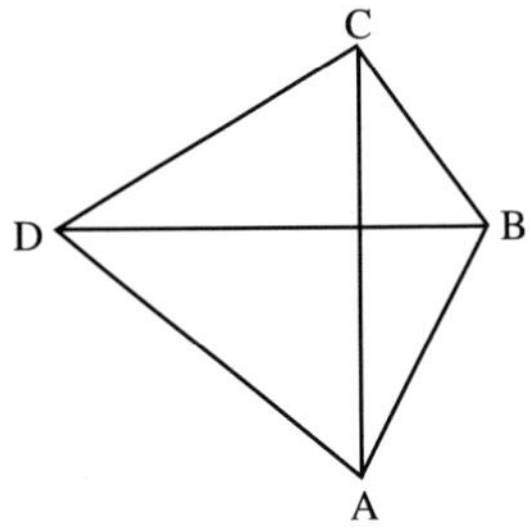

(c) Dieser Kehrsatz gilt.
Beweis:
Wegen $\alpha = \beta$ und $\gamma = \delta$ gilt $\alpha + \delta = 180°$, also $\delta' = \alpha$.
Nach dem Kehrsatz des Wechselwinkelsatzes folgt $\overline{AB} \parallel CD$.
Nach der Definition ist das Trapez gleichschenklig, da die Winkel an einer Seite gleich groß sind.

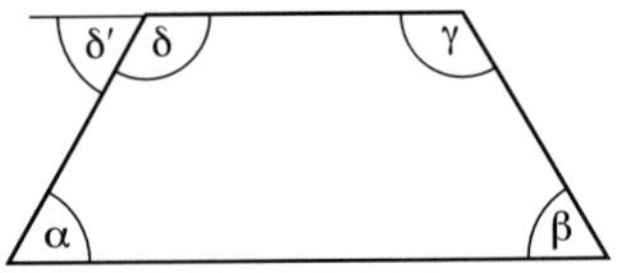

5. *Rechteck*

(a) Wenn ein Viereck ein Rechteck ist, dann sind gegenüberliegende Seiten gleich lang.
Beweis:
Voraussetzung: ABCD ist ein Rechteck, also $AB \parallel CD$ und $AD \parallel BC$.
Behauptung: $|AB| = |CD|$ und $|AD| = |BC|$.

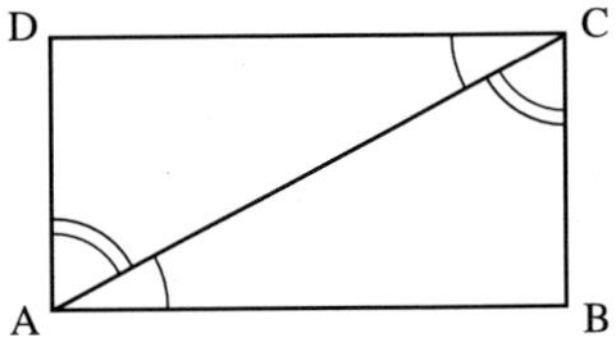

Beweis: Wir beweisen die Kongruenz der Dreiecke ABC und CDA.
(1) $|AC| = |AC|$
(2) $\sphericalangle BAC = \sphericalangle DCA$ (Wechselwinkel an Parallelen)
(3) $\sphericalangle ACB = \sphericalangle CAD$ (Wechselwinkel an Parallelen)
Nach dem Kongruenzsatz wsw sind die Dreiecke ABC und CDA zueinander kongruent, also gilt:
$|AB| = |CD|$ und $|AD| = |BC|$

(b) Wenn ein Viereck ein Rechteck ist, dann sind gegenüberliegende Winkel gleich groß.
Dieser Satz gilt, da alle Winkel rechte Winkel sind.

144

5. (c) Wenn ein Viereck ein Rechteck ist, dann halbieren die Diagonalen einander.

Beweis:

Behauptung: |AM| = |CM| und |BM| = |DM|

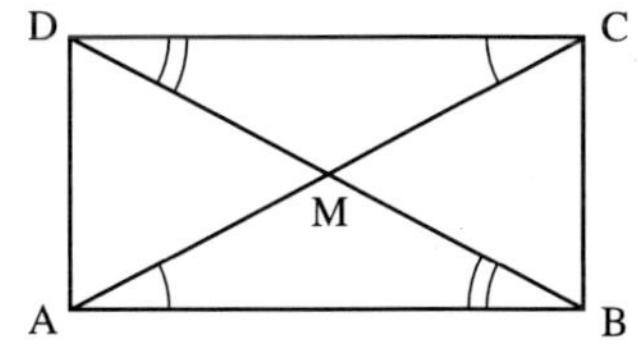

Beweis:

Wir beweisen die Kongruenz der Dreiecke ABM und CDM.

(1) |AB| = |CD| (siehe Beweis zu (a))

(2) ∢ BAM = ∢ DCM (Wechselwinkel an geschnittenen Parallelen)

(3) ∢ MBA = ∢ MDC (Wechselwinkel an geschnittenen Parallelen)

Die Dreiecke ABM und CDM sind nach dem Kongruenzsatz wsw zueinander kongruent, also gilt: |AM| = |CM| und |BM| = |DM|

(d) Wenn ein Viereck ein Rechteck ist, dann sind die Diagonalen gleich lang.

Beweis:

Behauptung: |AC| = |BD|

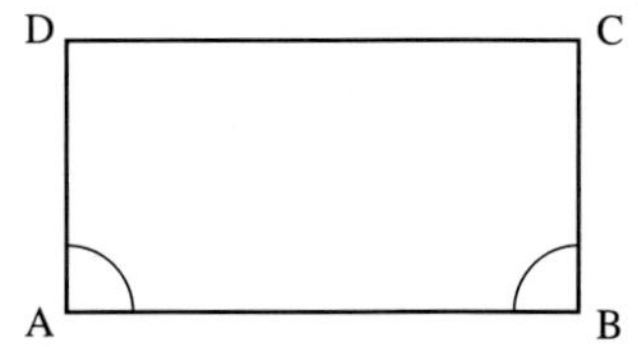

Beweis:

Wir beweisen die Kongruenz der Dreiecke ABC und BDA.

(1) |AB| = |AB| (gleiche Strecke)

(2) ∢ CBA = ∢ BAD (rechte Winkel)

(3) |BC| = |AD| (gegenüberliegende Seiten sind gleich lang)

Die Dreiecke ABC und BDA sind nach dem Kongruenzsatz sws zueinander kongruent, also gilt:

|AC| = |BD|

Quadrat

(a) Wenn ein Viereck ein Quadrat ist, dann sind gegenüberliegende Seiten gleich lang.
Beweis analog zu dem Beweis zum Rechteck, Teil (a).

(b) Wenn ein Viereck ein Quadrat ist, dann sind gegenüberliegende Winkel gleich groß.
Dieser Satz gilt, denn alle Winkel sind rechte Winkel.

(c) Wenn ein Viereck ein Quadrat ist, dann halbieren die Diagonalen einander.
Beweis analog zu dem Beweis zum Rechteck, Teil (c).

144

5. *Quadrat*

(d) Wenn ein Viereck ein Quadrat ist, dann sind die Diagonalen orthogonal zueinander und halbieren sich.

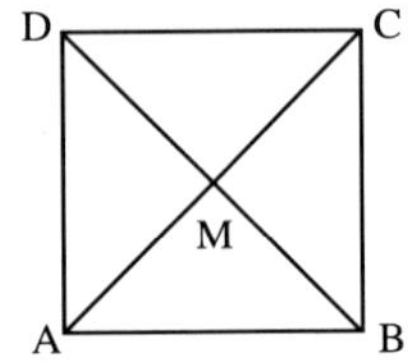

Behauptung: $|AC| = |BD|$ und

$\sphericalangle AMB = \sphericalangle BMC = \sphericalangle CMD = \sphericalangle DMA = 90°$

Beweis:

Wir beweisen die Kongruenz der Dreiecke ABM und BCM.

(1) $|AB| = |BC|$ (Seiten im Quadrat)

(2) $|BM| = |BM|$ (gleiche Strecke)

(3) $|AM| = |CM|$ (siehe Beweis zu (c))

Die Dreiecke ABM und BCM sind also zueinander kongruent. Entsprechend beweist man auch die Kongruenz aller vier Dreiecke ABM, BCM, CDM, DAM, also gilt $|AC| = |BD|$ und

$\sphericalangle AMB = \sphericalangle BMC = \sphericalangle CMD = \sphericalangle DMA$.

Da die Summe dieser vier Winkel 360° beträgt, ist jeder Winkel 90° groß.

(e) Wenn ein Viereck ein Quadrat ist, dann halbieren die Diagonalen die Innenwinkel.

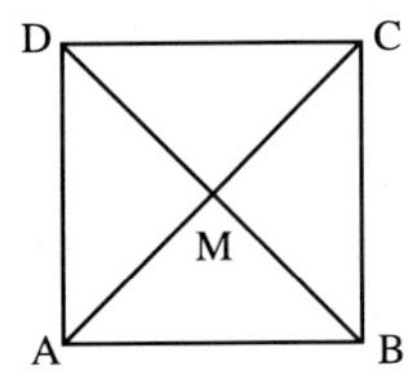

Beweis: Aus der Kongruenz der Dreiecke ABM, BCM, CDM und DAM (siehe Teil (e)) folgt z. B.

$\sphericalangle BAM = \sphericalangle MAD$.

Da $\sphericalangle BAM + \sphericalangle MAD = 90°$,

folgt $\sphericalangle BAM = \sphericalangle MAD = 45°$.

Dieses gilt entsprechend auch für die anderen Winkel und Diagonalen.

Die Diagonalen halbieren also die Innenwinkel.

Raute

(a) Wenn ein Viereck eine Raute ist, dann sind gegenüberliegende Seiten gleich lang.

Beweis:

Beweis analog zu dem Beweis zum Rechteck, Teil (a).

(b) Wenn ein Viereck eine Raute ist, dann sind gegenüberliegende Winkel gleich groß.

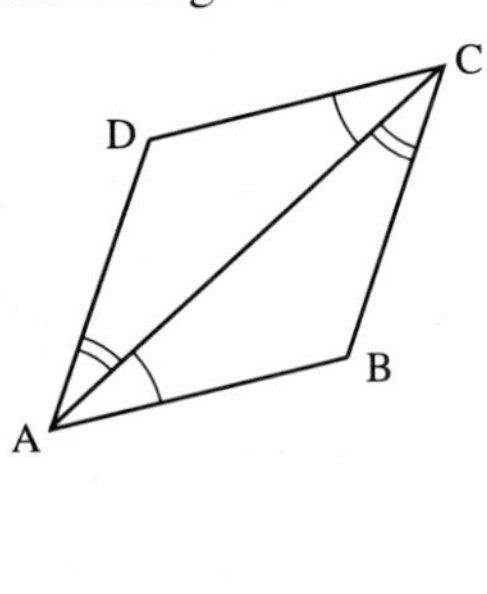

Beweis:

Behauptung: $\sphericalangle BAD = \sphericalangle DCB$

und $\sphericalangle ADC = \sphericalangle CDA$.

Wir beweisen die Kongruenz der Dreiecke ABC und ADC.

144

5. *Raute*

(b) Fortsetzung

(1) |AC| = |AC| (gleiche Strecke)

(2) $\sphericalangle$ BAC = $\sphericalangle$ DCA (Wechselwinkel an geschnittenen Parallelen)

(3) $\sphericalangle$ ACB = $\sphericalangle$ CAD (Wechselwinkel an geschnittenen Parallelen)

Die Dreiecke ABC und ADC sind nach dem Kongruenzsatz wsw kongruent zueinander, also gilt: $\sphericalangle$ BAC + $\sphericalangle$ CAD = $\sphericalangle$ DCA + $\sphericalangle$ ACB, also auch $\sphericalangle$ BAD = $\sphericalangle$ DCB.

Entsprechend beweist man $\sphericalangle$ ADC = $\sphericalangle$ CBA.

(c) Wenn ein Viereck eine Raute ist, dann halbieren die Diagonalen einander.

Beweis analog zu dem Beweis zum Rechteck, Teil (c).

(d) Wenn ein Viereck eine Raute ist, dann sind die Diagonalen orthogonal zueinander.

Beweis siehe Aufgabe 3.

(e) Wenn eine Viereck eine Raute ist, dann halbieren die Diagonalen die Innenwinkel.

Beweis siehe Aufgabe 3.

6. Die Diagonale $\overline{CD}$ ist Mittelsenkrechte der Basis $\overline{AB}$. M ist Mittelpunkt von $\overline{CD}$. Die Diagonale $\overline{EF}$ geht durch M und ist orthogonal zu $\overline{CD}$.
DECF ist die gesuchte Raute.

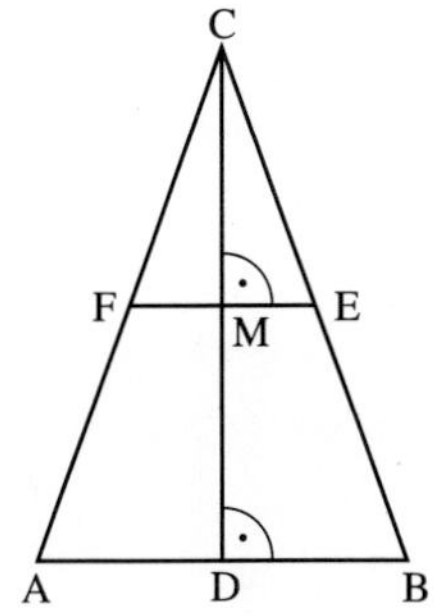

145

7. **a)** $\beta = 72°, \gamma = \delta = 108°$ **c)** $\alpha = \beta = 71°, \delta = 109°$

b) $\alpha = 124°, \gamma = \delta = 56°$ **d)** $\alpha = \beta = 124°, \gamma = 56°$

8. **a)** $\beta = \delta = 102°$ **c)** $\gamma = 146°, \delta = 62°$

b) $\alpha = 70°, \delta = 105°$ **d)** $\gamma = 60°, \delta = 100°$

9. **a)** In allen Quadraten.

b) (1) Mindestens 2 Symmetrieachsen.

(2) Höchstens 4 Symmetrieachsen (Wenn es ein Quadrat ist.)

c) Die Diagonalen sind in jeder Raute Symmetrieachsen. Ist die Raute ein Quadrat, so sind die beiden Mittellinien zusätzlich Symmetrieachsen.

d) (1) Mindestens 1 Symmetrieachse.

(2) Höchstens 4 Symmetrieachsen (Wenn es ein Quadrat ist.)

145

10.

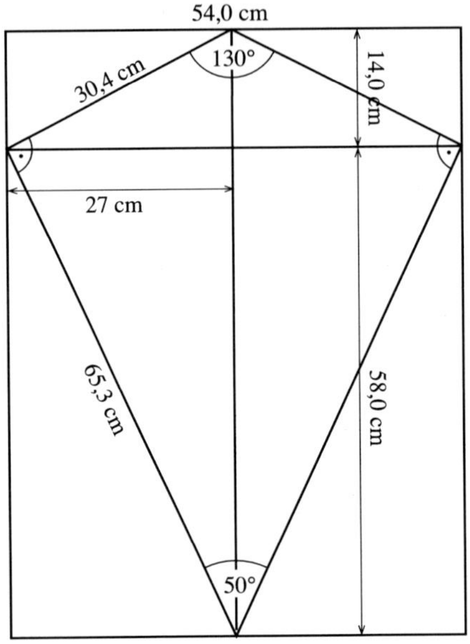

11. **a)** a = c = 6,0 cm, b = d ≈ 3,6 cm
b) a = c = 6,3 cm, b = d ≈ 4,4 cm
c) a = c ≈ 3,1 cm, b = d = 2,6 cm
d) a = c = 3,9 cm, b = d ≈ 4,6 cm
e) a = c ≈ 4,9 cm, b = d ≈ 3,3 cm
f) a = c ≈ 4,9 cm, b = d ≈ 3,1 cm

12. **a)** a ≈ 5,7 cm
b) a ≈ 2,8 cm

13. **a)** a = b = c = d = 6,0 cm, $\alpha = \gamma = 70°$, $\beta = \delta = 110°$
b) a = b = c = d = 6,4 cm, $\alpha = \gamma = 42°$, $\beta = \delta = 138°$
c) a = b = c = d = 4,0 cm, $\alpha = \gamma \approx 101°$, $\beta = \delta \approx 79°$
d) a = b = c = d = 3,5 cm, $\alpha = \gamma \approx 84°$, $\beta = \delta \approx 96°$
e) a = b = c = d ≈ 4,7 cm, $\alpha = \gamma \approx 64°$, $\beta = \delta \approx 116°$
f) a = b = c = d ≈ 4,9 cm, $\alpha = \gamma \approx 152°$, $\beta = \delta \approx 28°$

14. BD halbiert β und δ; $\alpha = \gamma$; |AD| = |CD| und |AB| = |BC| bzw. c = d und a = b; e ist orthogonal zu f; f halbiert e.
a) a = 3,9 cm, c = 2,8 cm, $\alpha = \gamma \approx 119°$, $\beta \approx 50°$, $\delta \approx 72°$, e ≈ 3,3 cm
b) a = 5,2 cm, c = d ≈ 2,5 cm, $\alpha = \gamma \approx 33°$, $\beta \approx 48°$, $\delta \approx 246°$
c) a = b ≈ 2,4 cm, c = d ≈ 5,2 cm, $\alpha = \gamma = 103°$, e ≈ 3,9 cm
d) a = 4,0 cm, c = d ≈ 3,6 cm, $\alpha = \gamma \approx 69°$, $\beta \approx 102°$, f ≈ 4,3 cm

15. **a)** b = 3,1 cm, c ≈ 2,7 cm, $\alpha = 64°$, $\gamma = \delta = 116°$, e = f ≈ 4,9 cm
b) a ≈ 5,3 cm, d = 2,4 cm, $\alpha = \beta \approx 84°$, $\gamma = \delta \approx 96°$, f = 5,6 cm
c) a ≈ 6,7 cm, b = 2,8 cm, $\alpha = \beta = 55°$, $\delta = 125°$, e = f ≈ 5,6 cm
d) b = d ≈ 7,8 cm, c ≈ 0,2 cm, $\alpha = 68°$, $\gamma = \delta = 112°$, f = 7,9 cm

3.8 Übersicht über die symmetrischen Vierecke

146

1. a)

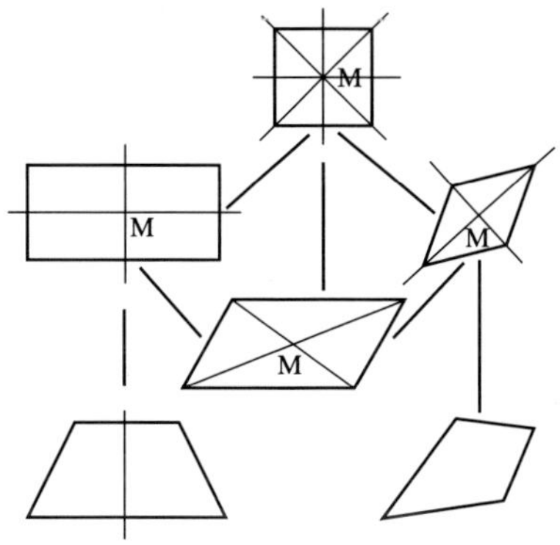

b) Parallelogramm, Raute, Rechteck, Quadrat

c) Quadrat: 4 Symmetrieachsen
Rechteck, Raute: 2 Symmetrieachsen
gleichschenkliges Trapez, Drachenviereck: 1 Symmetrieachse

2. Dies trifft für alle punktsymmetrischen Vierecke (Parallelogramm, Raute, Rechteck, Quadrat) zu.

3. a) Parallelogramm, das kein Rechteck und keine Raute ist. **b)** -

4. a) (1) wahr (3) wahr (5) wahr (7) falsch
(2) falsch (4) wahr (6) wahr (8) wahr

b) (1) Falsch; nur die Sonderfälle Raute oder Quadrat sind Parallelogramme.
(2) Wahr; Quadrate und Rauten sind Parallelogramme und auch Drachenvierecke.
(3) Wahr; im Parallelogramm sind neben den Grundseiten des Trapezes auch die Schenkel parallel.
(4) Wahr; ist das Drachenviereck ein Quadrat, dann ist es auch ein gleichschenkliges Trapez.
(5) Falsch; nur die Sonderfälle Rechteck oder Quadrat sind Parallelogramme.
(6) Wahr; z. B. Rechtecke.

146

5. a)

4 gleich lange Seiten

3 gleich lange Seiten

2 Paare gleich langer Seiten
(gegenüberliegend bzw. aneinander liegend)

2 Paare gleich langer Seiten
(gegenüberliegend bzw. aneinander liegend)

4 verschieden lange Seiten

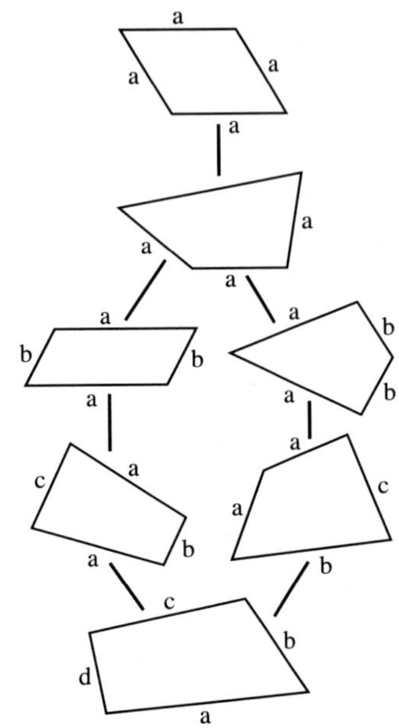

b) 4 gleich große Winkel

3 gleich große Winkel

2 Paare gleich großer Winkel
(gegenüberliegend bzw. aneinander liegend)

2 Paare gleich großer Winkel
(gegenüberliegend bzw. aneinander liegend)

4 verschieden große Winkel

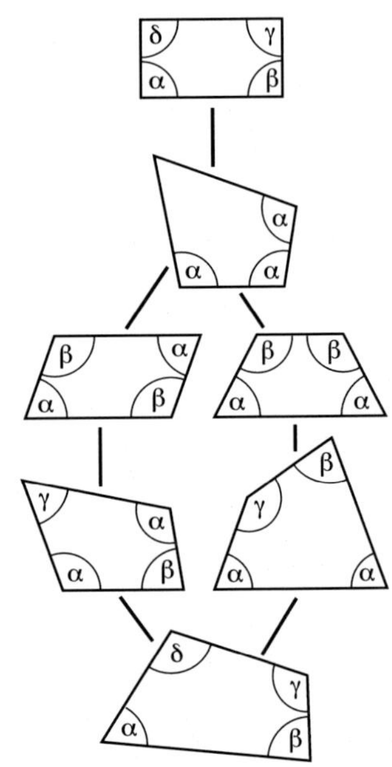

3.9 Vom Definieren eines Begriffs am Beispiel der Vierecke

149

2. Auch bei einem Rechteck sind die gegenüberliegenden Seiten gleich lang, sodass die Eigenschaft (b) allein nicht ausreicht.
Fordert man Eigenschaft (e) noch dazu, ist dadurch eine Raute festgelegt.

3. **a)** (1) ist eine mögliche Definition für eine Raute.
(2) ist eine mögliche Definition für eine Raute.
b) (a) ausreichende Definition
(b) ausreichende Definition
(c) ausreichende Definition
(d) ausreichende Definition
(e) definiert kein gleichschenkliges Dreieck
(f) ausreichende Definition
(g) achsensymmetrisch reicht aus

4. (a) nicht ausreichende Definition
(b) treffende Definition
(c) es reicht aus, dass alle Winkel rechtwinklig sind
(d) falsch, nicht zutreffend
(e) ausreichende Definition
(f) ausreichende Definition
(g) ausreichende Definition
(h) nicht ausreichend; Zusatz nötig, dass alle Winkel rechtwinklig sein müssen

5. Definitionsvorschläge für ein Quadrat:
Ein Viereck ist ein Quadrat, wenn
(1) alle Seiten gleich lang und alle Winkel rechteckig sind,
(2) Diagonalen gleich lang sind, sie sich im rechten Winkel schneiden und sich gegenseitig halbieren,
(3) eine Raute gleich lange Diagonalen hat.

6. **a)** Definitionsvorschläge für einen Drachen:
Ein Viereck ist ein Drachen, wenn
(1) die Diagonalen zueinander senkrecht sind,
(2) eine Diagonale zwei gegenüberliegende Winkel halbiert,
(3) es zwei Paare gleich langer nebeneinander liegender Seiten gibt.
b) Dreiecksdefinition auf der Lehrbuchseite
Quadrat: (1) Alle Seiten sind parallel, gleichlang und stehen senkrecht aufeinander.
(2) Quadrate haben 4 Symmetrieachsen und sind punktsymmetrisch.

3.10 Aufgaben zur Vertiefung

150

1. *Erste Schülergruppe:*
Wir wählen in der Zeichnung 1 mm für 1 m in der Wirklichkeit (Maßstab 1 : 1 000).

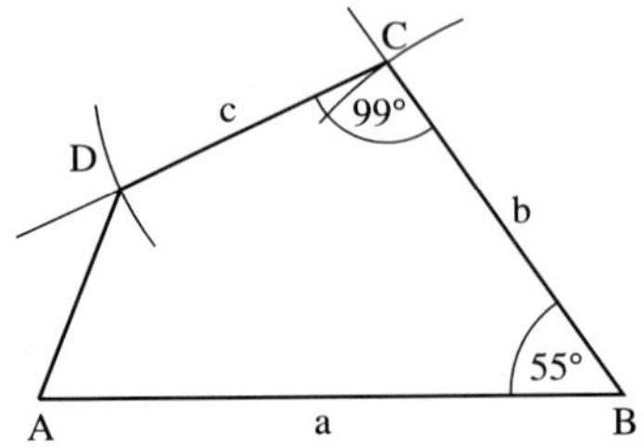

(1) Zeichne die Strecke $\overline{AB}$ der Länge $a = 4{,}2$ cm.

(2) Trage an die Strecke $\overline{AB}$ in B den Winkel β der Größe 55° an.

(3) Zeichne um B den Kreis mit dem Radius $b = 2{,}9$ cm. Er schneidet den freien Schenkel des Winkels β in C.

(4) Trage in C an die Strecke $\overline{BC}$ den Winkel γ der Größe 99° an.

(5) Zeichne um C den Kreis mit dem Radius $c = 2{,}1$ cm. Er schneidet den freien Schenkel des Winkels γ in D.

ABCD ist das gesuchte Viereck. Es gibt nur eine Lösung.
Wir messen: $|AD| = d = 1{,}6$ cm (also in Wirklichkeit 16 m), $\alpha = 67°$; $\delta = 139°$

Zweite Schülergruppe:

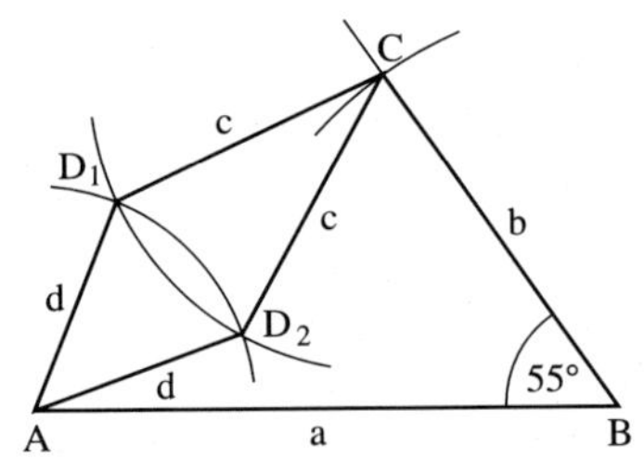

(1) Zeichne die Strecke $\overline{AB}$ der Länge $a = 4{,}2$ cm.

(2) Trage an die Strecke $\overline{AB}$ in B den Winkel β der Größe 55° an.

(3) Zeichne um B den Kreis mit dem Radius $b = 2{,}9$ cm. Er schneidet den freien Schenkel des Winkels β in C.

(4) Zeichne um C den Kreis mit dem Radius $c = 2{,}1$ cm und um A den Kreis mit dem Radius $d = 1{,}7$ cm.
Beide Kreise schneiden sich in D_1 und D_2.

Wir erhalten hier zwei nicht zueinander kongruente Lösungsvierecke $ABCD_1$ und $ABCD_2$. Die genaue Form des viereckigen Grundstücks ist also durch die gegebenen Maße nicht eindeutig bestimmt.
Bei den gesuchten Größen der Innenwinkel α, γ und δ erhalten wir jeweils zwei Lösungen,
und zwar im Viereck $ABCD_1$: $\alpha_1 = 67°$; $\gamma_1 = 99°$; $\delta_1 = 139°$
und im Viereck $ABCD_2$: $\alpha_2 = 20°$; $\gamma_2 = 64°$; $\delta_2 = 221°$

150 **1.** *Dritte Schülergruppe:*

(1) Zeichne eine Strecke $\overline{AB}$ der Länge a = 4,2 cm.

(2) Zeichne um den Punkt A einen Kreis mit dem Radius e = |AC| = 3,5 cm.

(3) Zeichne um B einen Kreis mit dem Radius b = 2,9 cm. Er schneidet den anderen Kreis im Punkt C.

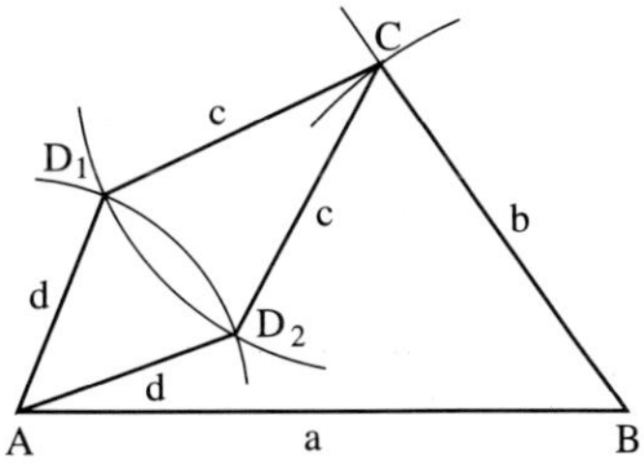

(4) Zeichne um C den Kreis mit dem Radius c = 2,1 cm und um A den Kreis mit dem Radius d = 1,7 cm. Beide Kreise schneiden sich in D_1 und D_2.

Auch hier erhalten wir wie in Teilaufgabe b) die zwei nicht zueinander kongruenten Vierecke $ABCD_1$ und $ABCD_2$ mit $\beta = 55°$ und den dort angegebenen Winkelgrößen.

2. Man kann ein Viereck ABCD in zwei Teildreiecke durch Einzeichnen einer Diagonalen zerlegen. Jedes dieser Dreiecke ist durch die Abgabe von drei geeigneten Stücken bis auf Kongruenz eindeutig bestimmt. Die Diagonale gehört zu beiden Dreiecken, sodass man für das zweite Dreieck nur noch zwei Stücke benötigt.
Zur eindeutigen Konstruktion eines Vierecks benötigt man im Allgemeinen fünf Stücke.

3. (1) Nach dem Kongruenzsatz sws sind die Dreiecke ADC und A'D'C' zueinander kongruent, also gilt auch $|AC| = |A'C'|$.
Damit sind die Seiten der Dreiecke ABC und A'B'C' gleich lang.
Die Dreiecke sind nach dem Kongruenzsatz sss zueinander kongruent.

(2) *Vorbemerkung:*
Die Höhe zur Basis ist auch Mittelsenkrechte.
Voraussetzung: ABC und A'B'C' sind gleichschenklige Dreiecke mit $|AB| = |A'B'|$ und $|CD| = |C'D'|$.
Behauptung: ABC und A'B'C' sind zueinander kongruent.
Beweis:

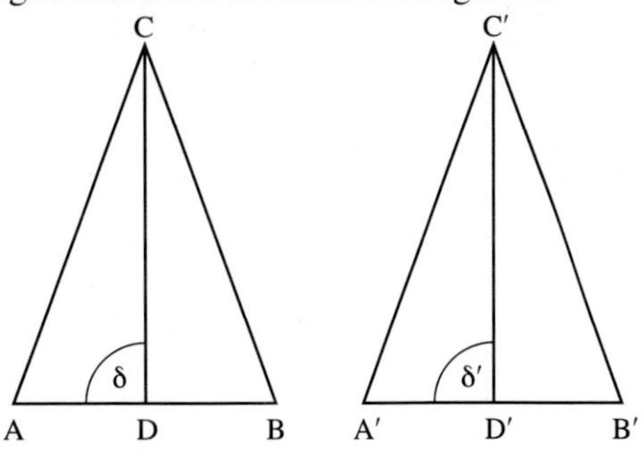

(1) $\delta = \delta' = 90°$ ($\overline{CD}$ bzw. $\overline{C'D'}$ sind Höhen)

(2) $|AD| = |A'D'|$ ($\overline{CD}$ bzw. $\overline{C'D'}$ sind Mittelsenkrechten von $\overline{AB}$ bzw. $\overline{A'B'}$, halbieren also $\overline{AB}$ bzw. $\overline{A'B'}$, nach Voraussetzung gilt $|AB| = |A'B'|$.)

(3) $|CD| = |C'D'|$ (nach Voraussetzung)

Nach dem Kongruenzsatz sws sind die Dreiecke ADC und A'D'C' zueinander kongruent, also gilt auch $|AC| = |A'C'|$.
Wegen $|AC| = |BC|$ und $|A'C'| = |B'C'|$ sind die Dreiecke ABC und A'B'C' nach dem Kongruenzsatz sss zueinander kongruent.

150

3. (3) *Voraussetzung:* ABC und A'B'C' sind gleichschenklige Dreiecke mit $|AC| = |A'C'|$.
Behauptung: ABC und A'B'C' sind zueinander kongruent.
Beweis: (Bild siehe (2))
(1) $\delta = \delta'$ ($\overline{CD}$ bzw. $\overline{C'D'}$ sind Höhen)
(2) $|AC| = |A'C'|$ (nach Voraussetzung)
(3) $|CD| = |C'D'|$ (nach Voraussetzung)
Nach dem Kongruenzsatz Ssw sind die Dreiecke ADC und A'D'C' zueinander kongruent. ($\overline{AC}$ liegt dem rechten Winkel gegenüber und ist damit längste Seite im Dreieck ADC; entsprechend $\overline{A'C'}$.)
Da $\overline{CD}$ bzw. $\overline{C'D'}$ auch Mittelsenkrechten von $\overline{AB}$ bzw. $\overline{A'B'}$ sind, folgt $|AB| = |A'B'|$ $(= 2 \cdot |AD| = 2 \cdot |A'D'|)$.
Die Dreiecke ABC und A'B'C' sind wegen $|AC| = |BC|$ bzw. $|A'C'| = |B'C'|$ nach dem Kongruenzsatz sss zueinander kongruent.

4.
a) $c \approx 1{,}9$ cm, $f \approx 4{,}8$ cm, $\beta \approx 47°$, $\gamma \approx 126°$, $\delta \approx 132°$
b) $c \approx 1{,}6$ cm, $e \approx 3{,}9$ cm, $f \approx 5{,}3$ cm, $\gamma \approx 132°$, $\delta \approx 143°$
c) $f \approx 4{,}2$ cm, $\alpha \approx 39°$, $\beta \approx 40°$, $\gamma \approx 259°$, $\delta \approx 22°$
d) $a \approx 9{,}8$ cm, $e \approx 8{,}6$ cm, $f \approx 4{,}6$ cm, $\alpha \approx 13°$, $\delta \approx 237°$
e) $a \approx 1{,}8$ cm, $\beta \approx 5{,}1$ cm, $e \approx 5{,}2$ cm, $f \approx 7{,}5$ cm, $\delta = 50°$
f) $a \approx 5{,}6$ cm, $b \approx 4{,}2$ cm, $d \approx 3{,}5$ cm, $\alpha \approx 61°$, $\beta \approx 89°$

5. Die fehlende Seite ist ungefähr 167 m lang. Der Zaun wird also ungefähr 1467 m lang.

6. Es gibt kein Lösungsviereck, wenn die Dreiecksungleichungen für die Dreiecke ABC bzw. ACD nicht erfüllt sind, diese Dreiecke also nicht konstruierbar sind.
Sonst gibt es zwei Lösungsvierecke, wenn bei der Achsenspiegelung an AC der Bildpunkt von B im Inneren des Dreiecks ACD bzw. der Bildpunkt von D im Inneren des Dreiecks ABC liegt.

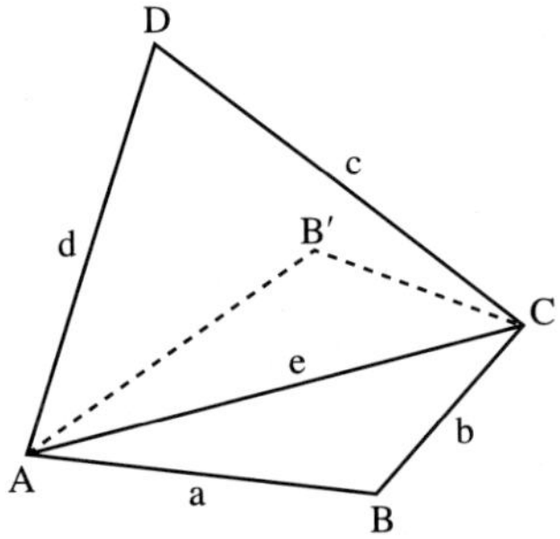

Es gibt nur ein Lösungsviereck, wenn die Bildpunkte von B und D nicht im Inneren der entsprechenden Dreiecke liegen.

7. -

Bleib fit im Umgang mit dem Dreisatz

153

1. **a)** 36 kg; 52 kg; 26 kg; 117 kg
b) 1 000 kg; 500 kg; 5 000 kg; 250 kg

2. 72 mm; 108 mm; 144 mm; 18 mm; 24 mm

154

3.

Volumen (in ℓ)	10	50	40	26	36
Preis (in €)	13,99	69,95	55,96	36,37	50,36

4. 50 g Speck; $3\frac{1}{3}$ Kartoffeln

5. **a)** 20 Stunden **b)** 5 Pumpen

6. **a)** 400 Schraubkrallen = 4 Pakete **b)** 41,25 m^2

7. noch weitere 8 Minuten

8. **a)** 9 m über dem Eingang **b)** 15,3 m über dem Eingang

9. **a)** 30 000 alte Flaschen bzw. 2 500 alte Kästen.
b) 16 800 neue Flaschen bzw. 2 100 neue Kästen.
c) 1 000 alte Kästen ≙ 700 ℓ
1 000 neue Kästen ≙ 1 250 ℓ

10. **a)** 320 $\frac{km}{h}$ **b)** 2 h und 53 min 20 s

11. Da bei einem Marathon die Durchschnittsgeschwindigkeit variiert und geringer sein wird als bei dem Halbmarathon.

4. Lineare Funktionen

4.1 Funktionen als eindeutige Zuordnungen

159 **3. a)** $f(0) = 0$; $f(3) = 3$; $f(4) = 0$; $f\left(\frac{2}{5}\right) = 1{,}44$; $f(4{,}5) = -2{,}25$; $f(-7) = -77$;

$f(-0{,}5) = -2{,}25$; $f\left(-\frac{3}{7}\right) = -1\frac{44}{49} \approx -1{,}9$

b) $g(z) = \frac{z}{z-1}$

$g(2) = 2$; $g(-1) = \frac{1}{2}$; $g(0) = 0$; $g\left(\frac{1}{2}\right) = -1$; $g\left(-\frac{1}{3}\right) = \frac{1}{3}$; $g(1{,}1) = 11$;

$g(-99) = 0{,}99$

4. a) (1) Funktion (2) Funktion (3) keine Funktion

b) (1) (2) (3)

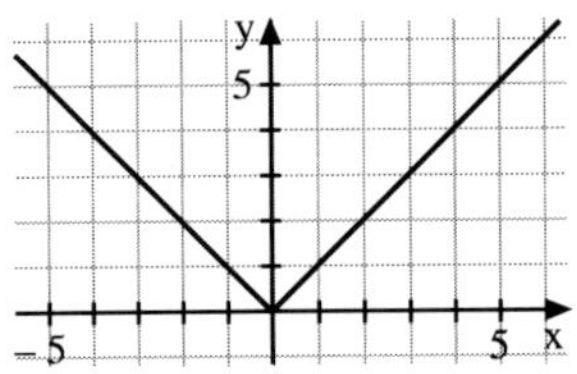

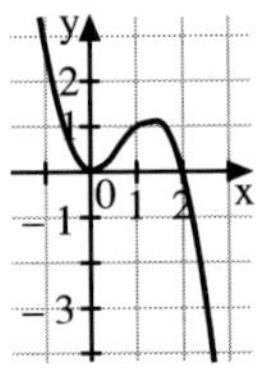

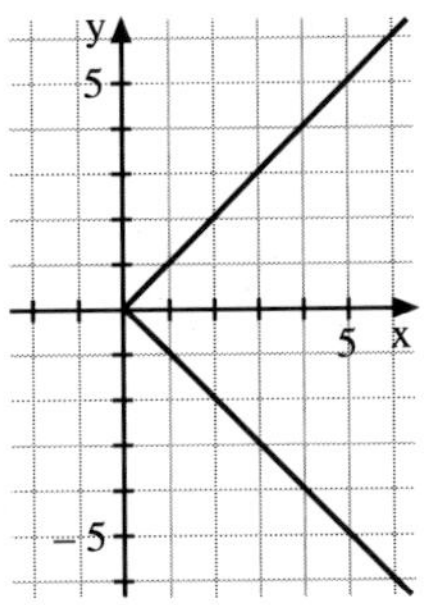

5. a) P_1; P_2; P_4; P_6 sind Element der Funktion

b) P_2; P_4 sind Element der Funktion

c) P_4; P_5 sind Element der Funktion

160 **6.** -

7. a)

Zeit	0	4	8	12	16	20	24
Temperatur (in °C)	4	–3	–3	3	3	2	1

Die Zuordnung ist eindeutig, also eine Funktion.

b) 1°C bei 1.30 Uhr, 10.30 Uhr, 24.00 Uhr

Die Zuordnung Lufttemperatur → Zeit ist keine eindeutige Zuordnung, weil zu einer Temperatur mehrere Zeitpunkte existieren.

8. a) Ja; zu jedem $x \in D$ existiert genau ein Funktionswert y.

b) Nein; zum Wert $x = 1$ existieren unendlich viele Funktionswerte y.

c) Ja; zu jedem $x \in D$ existiert genau ein Funktionswert y.

d) Nein; es gibt Elemente $x \in D$ zu denen 2 Funktionswerte y gehören.

161

9. a) Nein **b)** Ja **c)** Ja **d)** Nein

10. a)

Seitenlänge a (in cm)	0,5	1	1,5	2	x
Flächeninhalt a^2 (in cm²)	0,25	1	2,25	4	x^2

Es liegt eine Funktion vor. $x \in \mathbb{Q}_+$

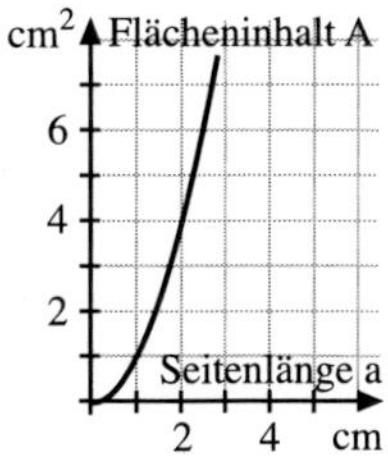

b) Die Zuordnung $x \rightarrow x^2$ ist eine Funktion.

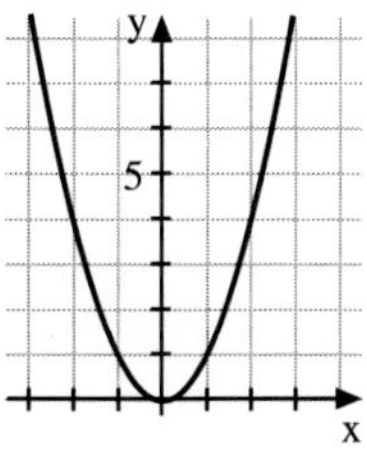

11. a) $A = x \cdot y \rightarrow x \cdot y = 6\ \text{cm}^2$
[x: Länge in cm; y: Breite in cm]
$y = \frac{6\ \text{cm}^2}{x}$
Es liegt eine Funktion vor ($a \neq 0$).

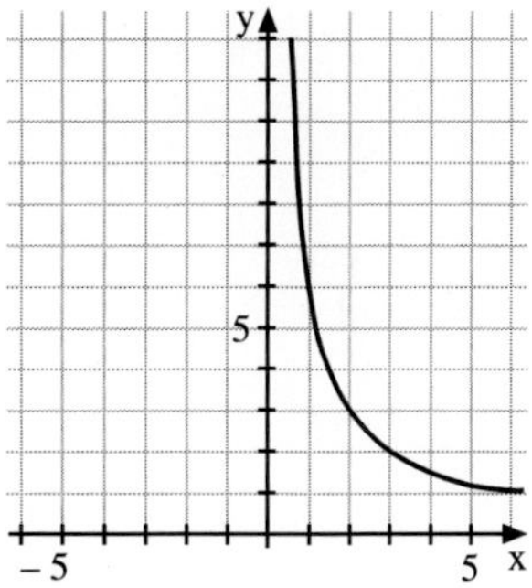

b)

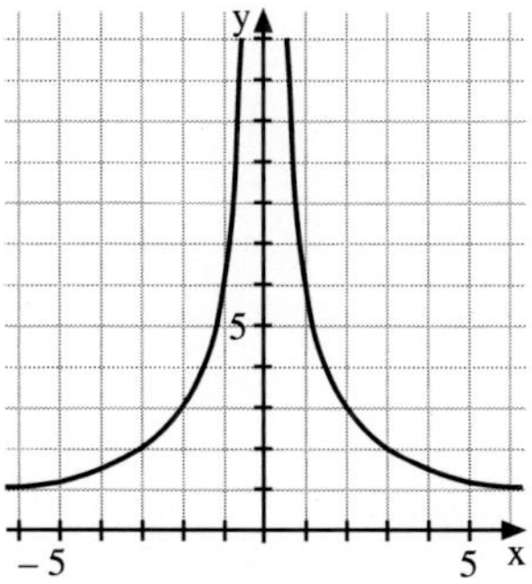

12. a) Die Geschichte passt zu Graph (1).
b) Z. B. Jan ist extra schnell zur Schule gegangen, bis er auf dem Weg einen Freund getroffen hat. Zusammen haben sie zunächst getrödelt, bis sie bemerkt haben, dass sie fast zu spät kommen. Sie sind dann extra schnell gegangen und doch noch rechtzeitig angekommen.
c) -

162

13. (a) und (2) (b) und (1) (c) und (4) (d) und (3) (e) und (5)
Die Graphen geben den Verlauf nur angenähert wieder.

14. (1)

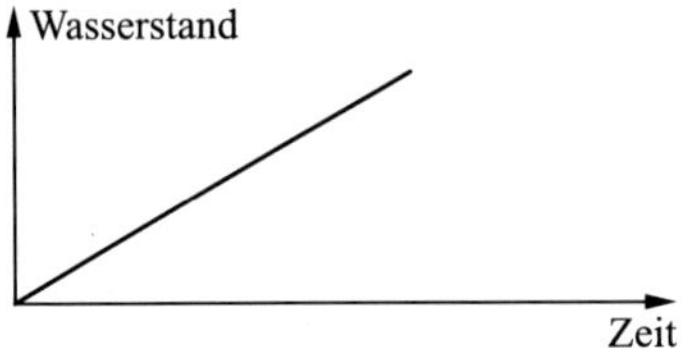

(2)

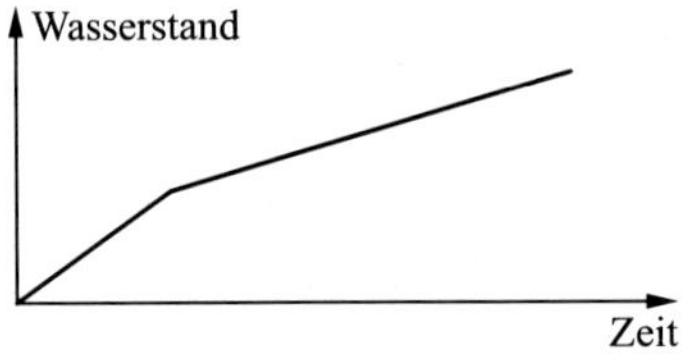

15. a)

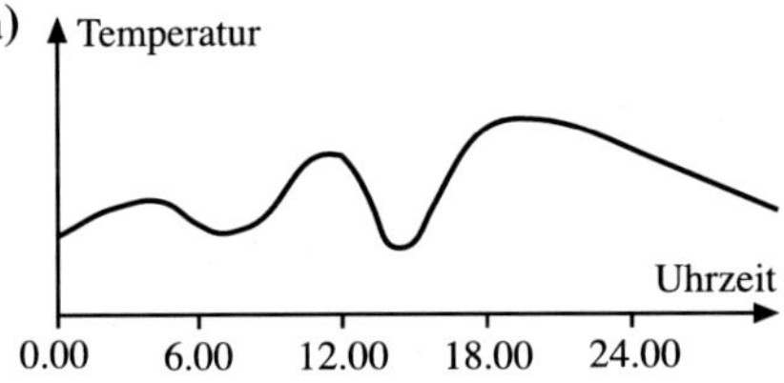

b)

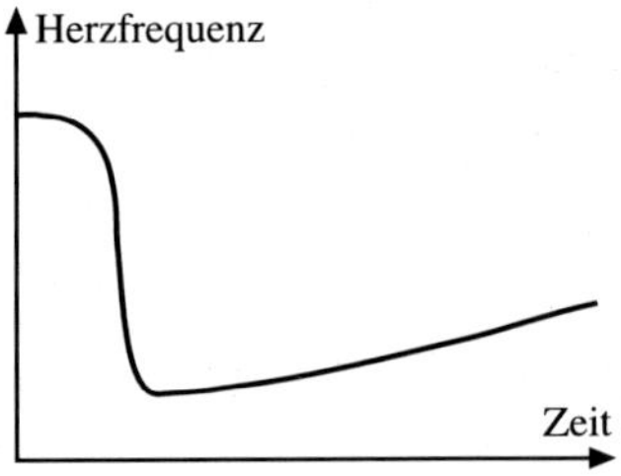

16. a)

x	−3	−2	−1	0	1	2
y = 2x − 1	−7	−5	−3	−1	1	3

x	3	4	5	6	7	8
y = 2x − 1	5	7	9	11	13	15

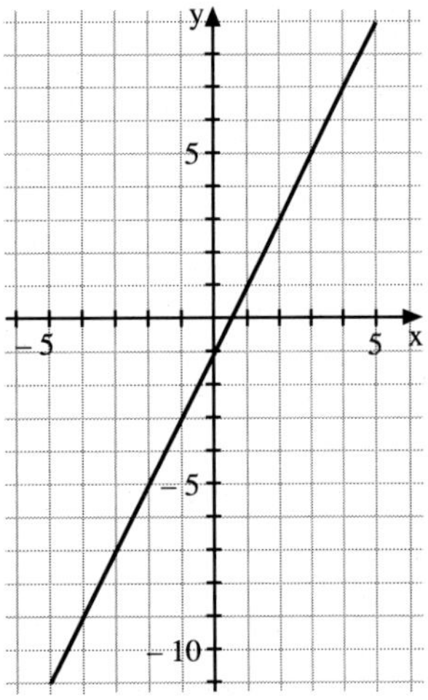

162

16 b)

x	−3	−2	−1	0	1	2
$y = x^2 - 2$	7	2	−1	−2	−1	2

x	3	4	5	6	7	8
$y = x^2 - 2$	7	14	23	34	47	62

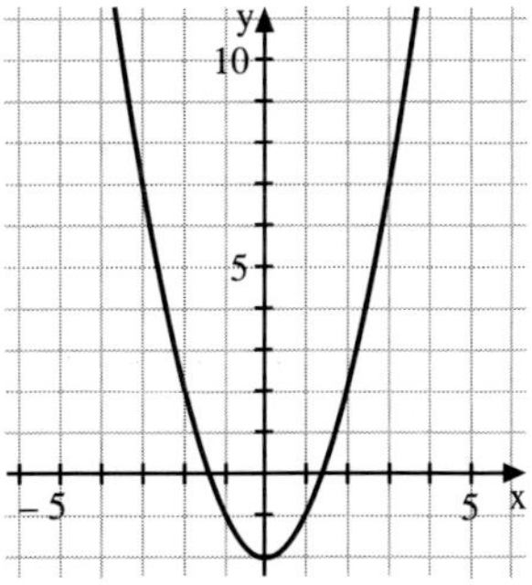

c)

x	−3	−2	−1	0	1	2
$y = x(2 + x)$	3	0	−1	0	3	8

x	3	4	5	6	7	8
$y = x(2 + x)$	15	24	35	48	63	80

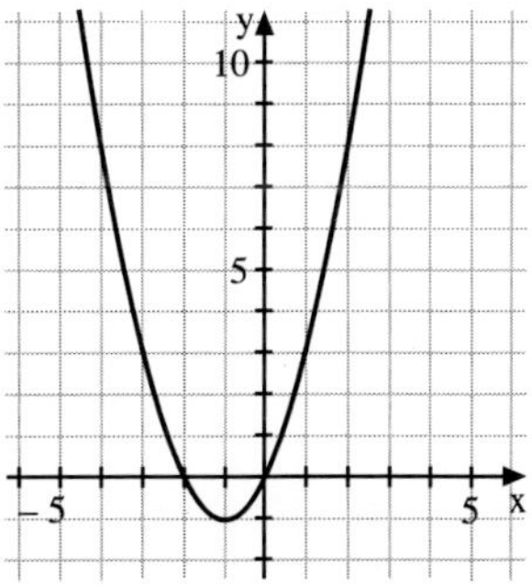

17. a) (1)

x	−2	−1	0	1	2
f(x)	−8	−4	0	4	8

(2) $f(0{,}4) = 1{,}6$; $f\left(-\frac{4}{5}\right) = -3{,}2$;

$f(1{,}5) = 6$; $f(-1{,}5) = -6$

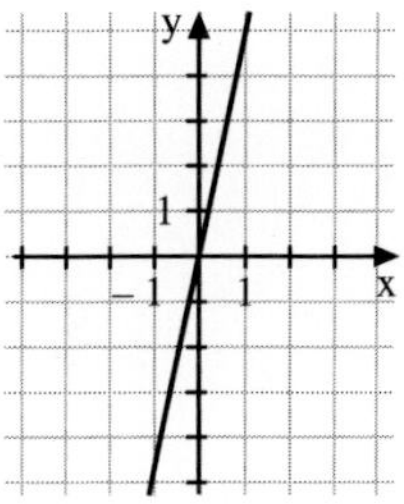

b) (1)

x	−2	−1	0	1	2
f(x)	0	0,5	1	1,5	2

(2) $f(0{,}4) = 1{,}2$; $f\left(-\frac{4}{5}\right) = 0{,}6$;

$f(1{,}5) = 1{,}75$; $f(-1{,}5) = 0{,}25$

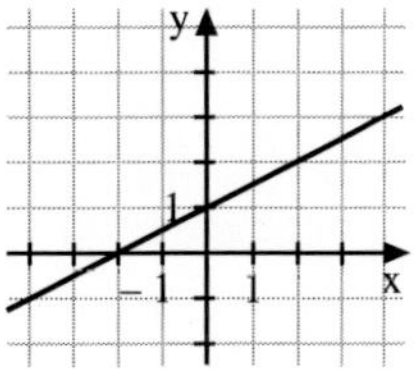

c) (1)

x	−2	−1	0	1	2
f(x)	−4	−1	0	−1	−4

(2) $f(0{,}4) = -0{,}16$; $f\left(-\frac{4}{5}\right) = -0{,}64$;

$f(1{,}5) = -2{,}25$; $f(-1{,}5) = -2{,}25$

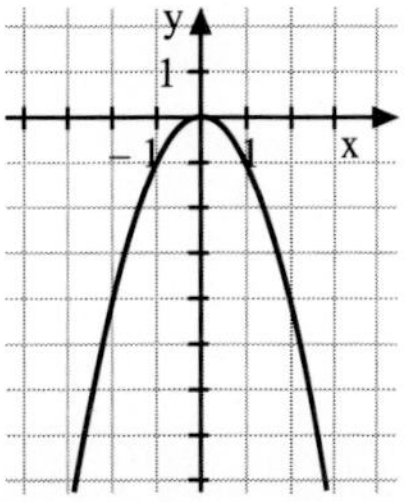

162 **17. d)** (1)

z	−2	−1	0	1	2
f(z)	9	4	1	0	1

(2) $f(0{,}4) = 0{,}36$; $f\left(-\frac{4}{5}\right) = 3{,}24$;

$f(1{,}5) = 0{,}25$; $f(-1{,}5) = 6{,}25$

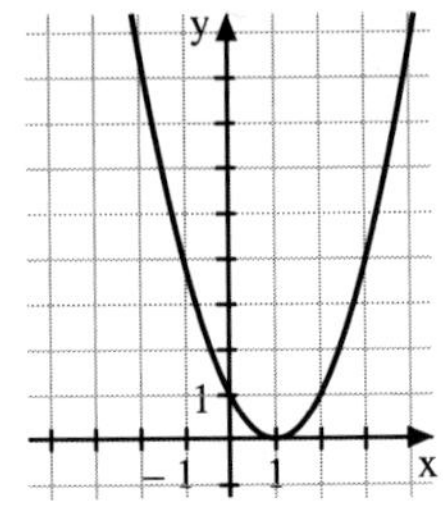

18. P_2, P_3 gehören zur Funktion $y = -\frac{2}{5}x$

[P_5, P_7 gehören zur Funktion $y = 5 - x^2$]

Im Blickpunkt: Graphen zeichnen mit Computer und GTR

163 **1.** -

2. -

164 **3.** -

4. -

5. -

6. -

7. -

4.2 Proportionale Funktionen

4.2.1 Graph proportionaler Funktionen

167 **2.** Da Preise nicht negativ sind ist der Graph eine Gerade durch O (0 | 0) und **a)** P (4 | − 5), **b)** P (1 | −3), **c)** P (1 | −1), **d)** P (4 | −3)
Auch hier gilt: Wenn man eine Stelle x verdoppelt, so verdoppelt sich auch der Funktionswert.

3. a) (1) Der Benzinpreis beträgt immer 1,10 € pro Liter.
(2) Die Zuordnung ist proportional: $y = 1{,}1x$
mit y: Preis (in €) und x: Benzinvolumen (in ℓ)

b) Als Quotienten erhält man 1,8 in (1) und −0,4 in (2). Der Quotient ist gleich m, denn $\frac{y}{x} = \frac{mx}{x} = m$.

Für x = 0 ist der Quotient nicht definiert, da man durch 0 nicht dividieren darf.

167

4. a)

x	y
0	0
1	2
2	4
3	6
4	8
5	10
6	12
7	14

$y = 2x$, y: Preis (in €),
x: Menge (in kg)
Der Graph ist eine Halbgerade von O (0 | 0) durch den Punkt P (5 | 10).

b) Der Graph ist die Gerade durch O(0 | 0) und P(5 | 10).

168

5. a)

Geschwindigkeit (in $\frac{km}{h}$)	10	20	30	40	50	60	70	80	90	100
Reaktionsweg (in m)	3	6	9	12	15	18	21	24	27	30

Die Größen sind proportional zueinander.

b)

Geschwindigkeit (in $\frac{km}{h}$)	10	20	30	40	50	60	70	80	90	100
Bremsweg (in m)	1	4	9	16	25	36	49	64	81	100

Die Größen sind nicht proportional zueinander.

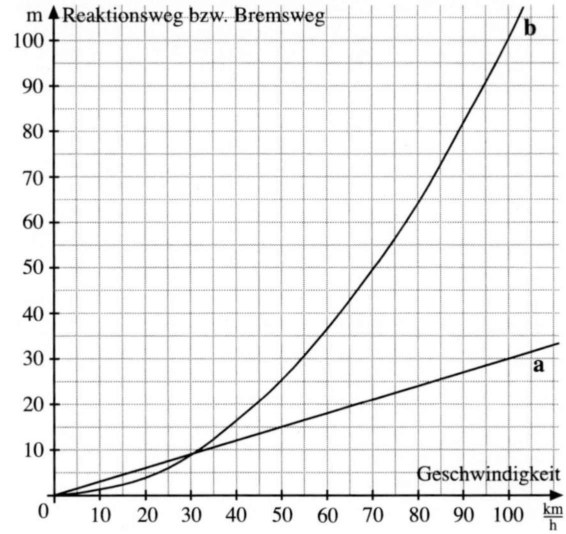

168

6. a) $y = 3x$ [$y = 1{,}2x$], y: Wasservolumen (in ℓ), x: Zeit (in min)

x	0	1	2	3	4	5	6	7	8	9	10
y = 3x	0	3	6	9	12	15	18	21	24	27	30
y = 1,2x	0	1,2	2,4	3,6	4,8	6,0	7,2	8,4	9,6	10,8	12,0

Da das Wasservolumen nicht negativ ist, ist der Graph eine Halbgerade von O (0 | 0) durch Punkt P (10 | 30) [P (10 | 12)].

b) $z = 0{,}5x$ [$z = 0{,}2x$], z = Wasserhöhe (in dm), x = Zeit (in min)

x	0	1	2	3	4	5	6	7	8	9	10
z = 0,5x	0	0,5	1	1,5	2	2,5	3	3,5	4	4,5	5
z = 0,2x	0	0,2	0,4	0,6	0,8	1,0	1,2	1,4	1,6	1,8	2,0

Der Graph ist eine Halbgerade vom Punkt O (0 | 0) durch den Punkt P (10 | 5) [P (10 | 2)].

7. a) $y = 0{,}2x$, y: Preisnachlass (in €), x: alter Preis (in €)
b) $z = 0{,}8x$, z: neuer Preis (in €), x: alter Preis (in €)
Beide Zuordnungen sind proportional. Die grafische Darstellung ist jeweils eine Halbgerade von O (0 | 0) mit der Steigung m = 0,2 bzw. m = 0,8 durch die Punkte P_1 (10 | 2) bzw. P_2 (10 | 8).

8. a) (1) $y = 2{,}5x$; Halbgerade von O (0 | 0) durch den Punkt P (2 | 5)
(2) P_3 liegt auf dem Graphen.
(3) P_1 (2 | 5); P_2 (−1 | −2,5); P_3 (2,4 | 6); P_4 (−1,2 | −3)
(4) $f(40) = 100$; $f(-4) = -10$; $f(0{,}04) = 0{,}1$; $f(-0{,}2) = -\frac{1}{2}$

b) (1) $y = -4x$; Halbgerade von O (0 | 0) durch den Punkt P (1 | −4)
(2) P_5 liegt auf dem Graphen.
(3) P_1 (2 | −8); P_2 (−1 | 4); P_3 (−1,5 | 6); P_4 (0,75 | −3)
(4) $f(-25) = 100$; $f(2{,}5) = -10$; $f(-0{,}025) = 0{,}1$; $f(0{,}125) = -\frac{1}{2}$

c) (1) $y = -0{,}6x$; Halbgerade von O (0 | 0) durch den Punkt P (5 | −3)
(2) P_1 liegt auf dem Graphen.
(3) P_1 (2 | −1,2); P_2 (−1 | 0,6); P_3 (−10 | 6); P_4 (5 | −3)
(4) $f\left(-166\frac{2}{3}\right) = 100$; $f\left(16\frac{2}{3}\right) = -10$; $f\left(-\frac{1}{6}\right) = 0{,}1$; $f\left(\frac{5}{6}\right) = -\frac{1}{2}$

d) (1) $y = \frac{z}{10}$; Halbgerade von O (0 | 0) durch den Punkt P (10 | 1)
(2) P_4 liegt auf dem Graphen.
(3) P_1 (2 | 0,2); P_2 (−1 | −0,1); P_3 (60 | 6); P_4 (−30 | −3)
(4) $f(1000) = 100$; $f(-100) = -10$; $f(1) = 0{,}1$; $f(-5) = -\frac{1}{2}$

168

8. e) (1) $y = \frac{5}{2}t$; Halbgerade von O (0 | 0) durch den Punkt P (2 | 5)

(2) P_3 liegt auf dem Graphen.

(3) P_1 (2 | 5); P_2 (−1 | −2,5); P_3 (2,4 | 6); P_4 (−1,2 | −3)

(4) f (40) = 100; f (−4) = −10; f (0,04) = 0,1; f (−0,2) = $-\frac{1}{2}$

169

9. (1) $\frac{y}{x} = \frac{2}{1} = 2$ (2) $\frac{y}{x} = \frac{400}{4} = 100$ (3) $\frac{y}{x} = \frac{-10}{1} = -10$

10. a) $\frac{y}{x} = 1{,}2$, $y = 1{,}2x$

b) $\frac{y}{x} = -3{,}5$, $y = -3{,}5x$

c) nicht proportional

d) nicht proportional

e) nicht proportional

11. a)

x	y
−2	6
1	−3
4	−12

y = −3x

b)

x	y
0,5	0,25
−12	−6
−2	−1

y = 0,5x

c)

x	y
2,4	3,6
0	0
$-\frac{4}{3}$	−2

y = 1,5x

d)

x	y
−0,1	0,01
0	0
1	−0,1

y = −0,1x

e)

x	y
−4	−10
−0,2	−0,5
−3	−7,5

y = 2,5x

12. In der Wertetabelle zur proportionalen Funktion muss der Quotient $\frac{x}{y}$ immer gleich sein. In der anderen Wertetabelle müssen mindestens zwei Werte des Quotienten verschieden sein.

13. a)

p %	W (in €)
1 %	2,50
2 %	5,00
3 %	7,50
4 %	10,00
5 %	12,50

p %	W (in €)
6 %	15,00
7 %	17,50
8 %	20,00
9 %	22,50
10 %	25,00

b) Der Prozentwert W verdoppelt, verdreifacht usw. sich.

c) Der Graph ist eine Halbgerade von O (0 | 0) durch den Punkt P (10 | 25) mit der Steigung 2,5.
Es handelt sich um eine proportionale Zuordnung mit der Funktionsgleichung W = 2,5p.

169

14. **a)**

G (in €)	W (in €)
10	0,50
20	1,00
30	1,50
40	2,00
50	2,50

G (in €)	W (in €)
60	3,00
70	3,50
80	4,00
90	4,50
100	5,00

b) Der Prozentwert W verdoppelt, verdreifacht usw. sich, wenn man bei festem Prozentsatz den Grundwert verdoppelt usw.

c) Der Graph ist eine Halbgerade von O (0 | 0) durch den Punkt P (100 | 5).
Es handelt sich um eine proportionale Zuordnung mit der Funktionsgleichung $W = 0{,}05 \cdot G$.

170

15. Die Auflösung des GTR ist nicht so gut, um den Graphen als durchgehenden Graphen zu zeichnen. $y = 2x$ ist natürlich eine Funktion, auch wenn das Bild im GTR nicht so aussieht.

16. **a)** und **b)**

(1)

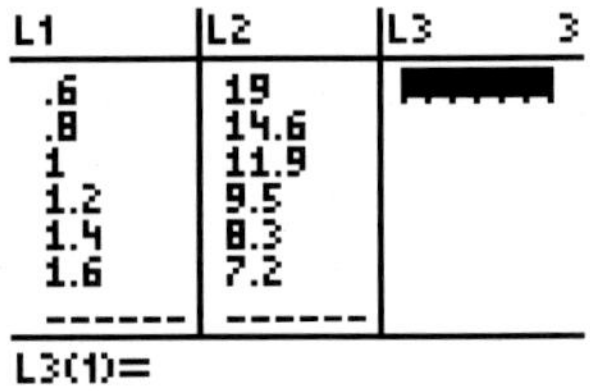

(2)

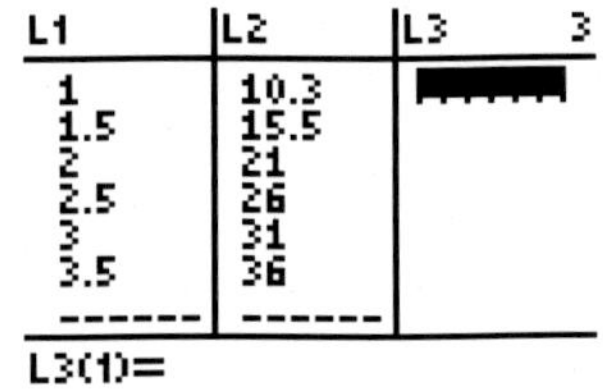

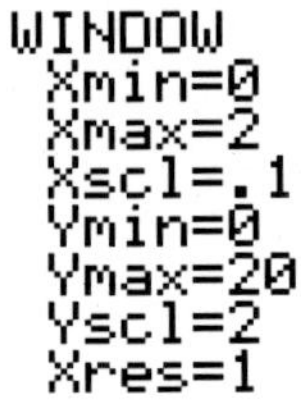

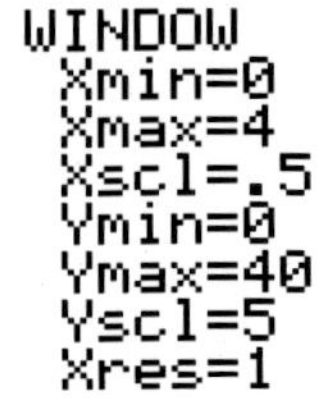

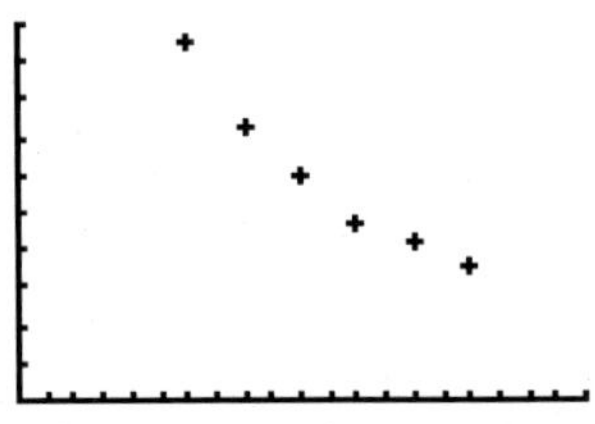

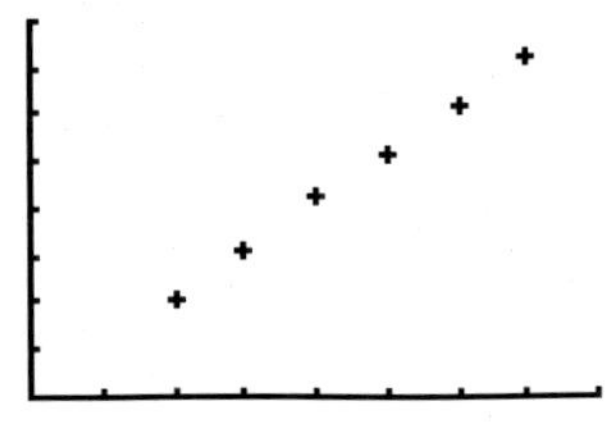

c) (1) p und V sind annähernd antiproportional zueinander ($p \cdot V \approx 11{,}6$).
(2) ℓ und R sind annähernd proportional zueinander (mit $\frac{R}{\ell} \approx 10{,}3$).

4.2.2 Steigung, Steigungsdreieck

171

1. **a)** Gerade durch O (0 | 0) und P (5 | 6).
Der Funktionswert wird (1) um 1,2 größer; (2) um 2,4 größer; (3) um 6,0 größer; (4) um 1,2 kleiner.
b) Gerade durch O (0 | 0) und P (5 | 3).
Der Funktionswert wird (1) um 0,6 größer; (2) um 1,2 größer; (3) um 3,0 größer; (4) um 0,6 kleiner.
c) Gerade durch O (0 | 0) und P (2 | −3).
Der Funktionswert wird (1) um 1,5 kleiner; (2) um 3,0 kleiner; (3) um 7,5 kleiner; (4) um 1,5 größer.
d) Gerade durch O (0 | 0) und P (4 | −3).
Der Funktionswert wird (1) um $\frac{3}{4} = 0,75$ kleiner; (2) um $1\frac{1}{2} = 1,5$ kleiner; (3) um $3\frac{3}{4} = 3,75$ kleiner; (4) um $\frac{3}{4} = 0,75$ größer.

2. Geraden durch O (0 | 0) und P (1 | 5) für m = 5;
P (5 | −1) für m = −0,2; P (1 | 1) für m = 1;
P (10 | −13) für m = −1,3; P (3 | 2) für m = $\frac{2}{3}$.

172

3. Für positive m steigt die Gerade (von links nach rechts), für negative m fällt die Gerade (von links nach rechts).
Je größer der Betrag von m ist, desto steiler verläuft die Gerade.

4. Geraden durch O (0 | 0) und
a) P (1 | 3); **b)** P (1 | −2); **c)** P (5 | 7); **d)**P (2 | −1); **e)** P (5 | −6)

5. **a)** Der Funktionswert steigt um 0,5 [1; 1,5] (m = 0,5).
b) Der Funktionswert fällt um 0,6 [1,2; 1,8] (m = −0,6).
c) Der Funktionswert steigt um 0,4 [0,8; 1,2] (m = 0,4).

173

6. **a)** Gerade durch O (0 | 0) und P (2 | 4)
f (x) steigt um 8 [steigt um 10; fällt um 10].
b) Gerade durch O (0 | 0) und P (2 | 3)
f (x) steigt um 6 [steigt um 7,5; fällt um 7,5].
c) Gerade durch O (0 | 0) und P (4 | 1)
f (x) steigt um 1 [steigt um 1,25; fällt um 1,25].
d) Gerade durch O (0 | 0) und P (4 | −1)
f (x) fällt um 1 [fällt um 1,25; steigt um 1,25].
e) Gerade durch O (0 | 0) und P (5 | −4)
f (x) fällt um 3,2 [fällt um 4; steigt um 4].

173

6. **f)** Gerade durch O (0 | 0) und P (7 | 1)
f (x) steigt um $\frac{4}{7}$ $\left[\text{steigt } \frac{5}{7}\text{; fällt um } \frac{5}{7}\right]$.

g) Gerade durch O (0 | 0) und P (5 | −2)
f (x) fällt um 1,6 [fällt um 2; steigt um 2].

h) Gerade durch O (0 | 0) und P (10 | −1)
f (x) fällt um 0,4 [fällt um 0,5; steigt um 0,5].

i) Gerade durch O (0 | 0) und P (1 | −1)
f (x) fällt um 4 [fällt um 5; steigt um 5].

j) Gerade durch O (0 | 0) und P (2 | 7)
f (t) steigt um 14 [steigt um 17,5; fällt um 17,5].

7. $y = \frac{3}{4}x$ ist falsch. Er hat die Gerade für $y = \frac{4}{3}x$ gezeichnet.

Richtig wäre für $y = \frac{3}{4}x$ die Gerade durch O (0 | 0) und P (4 | 3).

$y = -\frac{3}{5}x$ ist falsch. Er hat die Gerade zu $y = -\frac{5}{3}x$ gezeichnet.

Richtig wäre $y = -\frac{5}{3}x$ für $y = -\frac{3}{5}x$ die Gerade durch O (0 | 0) und P (5 | −3).

8. **a)** y = 1,6 x; Gerade durch O (0 | 0) und P (5 | 8)
b) y = −1,8x; Gerade durch O (0 | 0) und P (5 | −9)
c) y = 2,7x; Gerade durch O (0 | 0) und P (10 | 27)
d) $y = -\frac{6}{5}x$; Gerade durch O (0 | 0) und P (5 | −6)
e) y = 1,8x; Gerade durch O (0 | 0) und P (5 | 9)
f) y = −1,8x; Gerade durch O (0 | 0) und P (5 | −9)

9. **a)** g_1: $y = -3x$; g_2: $y = \frac{1}{2}x$; g_3: $y = -\frac{1}{2}x$;
b) g_4: $y = -\frac{3}{2}x$; g_5: $y = \frac{3}{4}x$; g_6: $y = -\frac{1}{2}x$;
c) g_7: $y = \frac{3}{2}x$; g_8: $y = x$; g_9: $y = -x$;

10. **a)** E, A **b)** C, G **c)** F, B **d)** D, H

11. **a)** y = 5x; f (x) = 5x
b) y = −3x; f (x) = −3x
c) y = 3,8x; f (x) = 3,8x
d) y = −0,8x; f (x) = −0,8x
e) $y = -\frac{3}{2}x$; $f(x) = -\frac{3}{2}x$
f) $y = -\frac{9}{5}x$; $f(x) = -\frac{9}{5}x$
g) y = 3x; f (x) = 3x
h) y = 4,2x; f (x) = 4,2x
i) $y = -\frac{2}{5}x$; $f(x) = -\frac{2}{5}x$
j) y = 1,7x; f (x) = 1,7x
k) $y = -\frac{2}{3}x$; $f(x) = -\frac{2}{3}x$
l) y = 4x; f (x) = 4x

12. -

4.3 Lineare Funktionen und ihre Graphen

175 **2.** **a)** $m = \frac{3}{4}$; $b = -2$; Gerade durch P (0 | −2) und Q (4 | 1).

b) $m = -\frac{1}{3}$; $b = 1$; Gerade durch P (0 | 1) und Q (3 | 0).

c) $m = -1$; $b = 4{,}5$; Gerade durch P (0 | 4,5) und Q (5 | −0,5).
d) $m = 1$; $b = 0$; Gerade durch P (0 | 0) und Q (5 | 5).
e) $m = 0$; $b = -3$; Gerade parallel zur x-Achse durch P (0 | −3).
f) $m = 0$; $b = 0$; Gerade identisch mit der x-Achse.

176 **3.** (1) Die Geraden schneiden sich im Punkt (5,6 | 5,4).
(2) Die Geraden verlaufen parallel.
(3) Die Geraden sind deckungsgleich.

4. Die Steigung m ist der Quotient aus der Differenz der y-Werte und der Differenz der x-Werte von P_2 und P_1.

$m = \frac{1-4}{2-(-3)} = \frac{-3}{5} = -\frac{3}{5}$

g geht durch P_1, wir setzen also die Koordinaten von P_2 in die Gleichung

$y = mx + b = -\frac{3}{5}x + b$ ein:

$4 = \left(-\frac{3}{5}\right) \cdot (-3) + b$

$4 = \frac{9}{5} + b \qquad \left| -\frac{9}{5}\right.$

$2\frac{1}{5} = b$

Die Funktionsgleichung von g ist $y = -\frac{3}{5}x + 2\frac{1}{5}$.

5. **a)**

Belastung (in kg)	0	1	2	3	4	5	6	7	8
Verlängerung der Feder (in cm)	0	0,5	1,0	1,5	2,0	2,5	3,0	3,5	4,0
Federlänge (in cm)	6,0	6,5	7,0	7,5	8,0	8,5	9,0	9,5	10,0

Der Graph zu (1) ist eine Halbgerade von O (0 | 0) aus durch den Punkt P (8 | 4), die zu einer proportionalen Zuordnung gehört. Die andere Halbgerade ist dazu parallel und um 6 in Richtung der y-Achse nach oben verschoben.

b) $y = 0{,}5x + 6$, x: Federlänge (in cm), x: Belastung (in kg); $x \geq 0$
c) Die Feder wird 1,2 cm länger [0,9 cm kürzer].
d) 4 kg [7 kg; 8,4 kg]
e) 28 kg

177 **6.** Der Graph wird bei positivem b in Richtung der y-Achse um b nach oben, bei negativem b in Richtung der y-Achse um | b | nach unten verschoben.

177

7. **a)** Strecke von P (0 | 21) bis Q (17,5 | 0)
b) $y = -1{,}2x + 21$, y: Länge der Kerze (in cm), x: Brenndauer (in h)
c) Sie ist noch 15 cm [12 cm; 6 cm] lang.
d) Nach $14\frac{1}{3}$ h, also nach 14 h 20 min ist die Kerze nur noch 3,8 cm lang.
e) Nach 17,5 h, also nach 17 h 30 min ist die Kerze abgebrannt.

8. **a)** $y = -0{,}8x + 48$; y: Fugenbreite b (in mm), x: Temperatur ϑ (in °C)
Gerade durch P (0 | 48) und Q (25 | 28); Funktionswerte sind nur oberhalb der x-Achse sinnvoll, da die Fugenbreite nicht negativ werden darf.

b)

Temperatur ϑ (in °C)	30	10	–10	–15
Fugenbreite b (in mm)	24	40	56	60

c) –7,5°C
d) 60°C

9. **a)**

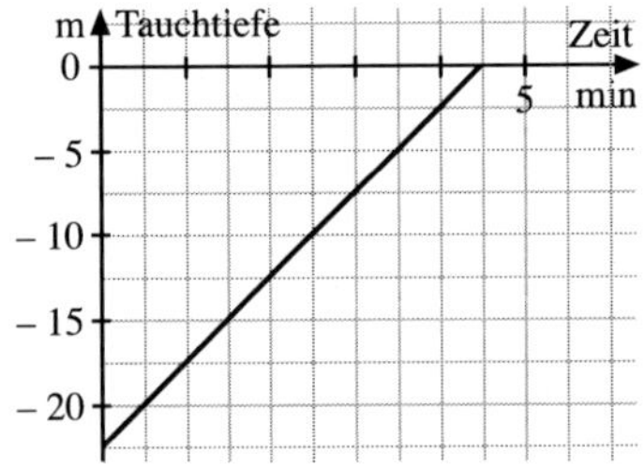

Funktionsgleichung: $y = 5x - 22$

b) In 9,5 m Tiefe.
c) Nach 3,8 min.
d) 4,4 min dauert das Auftauchen.
e) -

10. Die Graphen zu den angegebenen Funktionen sind Geraden durch O (0 | 0) und dem angegebenen Punkt P.
a) P (2 | 3); $y = 1{,}5x + 4$ $[y = 1{,}5x - 1]$
b) P (1 | –4); $y = -4x + 4$ $[y = -4x - 1]$
c) P (3 | –2); $y = -\frac{2}{3}x + 4$ $\left[-\frac{2}{3}x - 1\right]$
d) P (4 | 5); $s = \frac{5}{4}r + 4$ $\left[s = \frac{5}{4}r - 1\right]$
e) P (5 | –1); $v = -\frac{u}{5} + 4$ $\left[v = -\frac{u}{5} - 1\right]$

11. Die Graphen der angegebenen Funktionen sind Geraden durch die Punkte P und Q. Der Graph zu g ist dazu parallel und geht durch den Punkt O (0 | 0).
a) P (0 | 1), Q (5 | 3); b = 1; g (x) = 0,4x
b) P (0 | 3,5), Q (2 | –2,5); b = 3,5; $g(x) = -\frac{1}{2}x$
c) $P\left(0\middle|-\frac{4}{5}\right)$, $Q\left(1\middle|\frac{1}{5}\right)$; $b = -\frac{4}{5}$; g (x) = x
d) P (0 | –2,5), Q (4 | –5,5); $b = -\frac{5}{2}$; $g(x) = -\frac{3}{4}x$

178

12. **a)** g (x) ist eine proportionale Funktion; Gerade durch O (0 | 0) und P (2 | 1). Die Graphen zu f und h sind dazu parallele Geraden, die in Richtung der y-Achse um 4 nach oben bzw. um 2 nach unten verschoben sind.

b) h (x) ist eine proportionale Funktion; Gerade durch O (0 | 0) und P (2 | –3). Die Graphen zu f und g sind dazu parallele Geraden, die in Richtung der y-Achse um 5 nach oben bzw. um 4 nach unten verschoben wurden.

13. **a)**
$g_1(x) = 2x - 1$
$g_2(x) = x - 1$
$g_3(x) = \frac{x}{2} - 1$
$g_4(x) = -1$
$g_5(x) = -x - 1$
Ordinatenabschnitt c = –1

b)
$g_1(x) = -\frac{x}{2} - 2$
$g_2(x) = -\frac{x}{2} - \frac{3}{2}$
$g_3(x) = -\frac{x}{2}$
$g_4(x) = -\frac{x}{2} + 1$
$g_5(x) = -\frac{x}{2} + 2$
Steigung $m = -\frac{1}{2}$

14.

	Funktion	Steigung	Schnittpunkt mit		proportionale Funktion
			x-Achse	y-Achse	
a)	y = 2,5x +1	m = 2,5	P (–0,4 | 0)	Q (1 | 0)	y = 2,5x
b)	y = –3x + 7	m = –3	$P\left(2\frac{1}{3}\middle\|0\right)$	Q (7 | 0)	y = –3x
c)	y = –x – 2,4	m = –1	P (–2,4 | 0)	Q (–2,4 | 0)	y = –x
d)	$s = \frac{1}{4}t - \frac{7}{5}$	$m = \frac{1}{4}$	P (5,6 | 0)	Q (–1,4 | 0)	$s = \frac{1}{4}t$

15. Die Graphen sind Geraden, die parallel zur x-Achse sind. Sie schneiden die y-Achse in den Punkten
a) S (0 | 4), **b)** S (0 | –1), **c)** S (0 | 3), **d)** S (0 | –3), **e)** S (0 | 0).
Der Graph in e) ist identisch mit der x-Achse.
Die Funktionswerte ändern sich nicht, wenn man x um 1 erhöht.
Die Steigung ist jeweils m = 0, der Ordinatenabschnitt ist in
a) c = 4, **b)** c = –1, **c)** c = 3, **d)** c = –3, **e)** c = 0.
Die Funktionsgleichung ist in
a) y = 0 · x + 4, **b)** y = 0 · x – 1, **c)** y = 3, **d)** y = –3, **e)** y = 0.

16. Die Graphen sind Geraden durch die Punkte P und Q.
a) P (0 | 1), Q (1 | 3)
b) P (0 | –1), Q (1 | 1)
c) P (0 | 1), Q (1 | –1)
d) P (0 | –4), Q (1 | –2)
e) P (0 | –1), Q (1 | –3)
f) P (0 | 3), Q (2 | 4)
g) P (0 | –3), Q (5 | 1)
k) P (0 | –2), Q (5 | 14)
l) P (0 | 4), Q (5 | 13)
m) P (3 | 3), Q (8 | 4)
n) P (0 | –3,8), Q (4 | 0,2)
o) P (0 | 5), Q (5 | 0)
p) P (1 | 1), Q (5 | 4)
q) P (0 | –2), Q (3 | –3)

178

16. **h)** P (0 | –1), Q (5 | 7)
i) P (0 | 4), Q (2 | 3)
j) P (0 | 3,5), Q (5 | 4,5)
r) P (0 | 0,5), Q (3 | –2)
s) P (2 | 2), Q (6 | 9)
t) Parallele zur x-Achse durch $P\left(0 \middle| -\frac{1}{8}\right)$

17. y = 2x ist falsch. Die Funktionsgleichung zur gezeichneten Geraden ist $y = \frac{1}{2}x$. Der Graph zu y = 2x wäre eine Gerade durch die Punkte O (0 | 0) und P (1 | 4).
y = 5 ist falsch. Die Funktionsgleichung zur gezeichneten Geraden ist y = 5x. Der Graph zu y = 5 wäre eine zur x-Achse parallele Gerade, die die y-Achse im Punkt S (0 | 5) schneidet.
$y = -\frac{1}{3}x + 2$ ist falsch. Die Funktionsgleichung zur gezeichneten Geraden ist $y = -\frac{1}{2}x + 2$. Der Graph zu $y = -\frac{1}{3}x + 2$ wäre eine Gerade durch die Punkte P (0 | 2) und Q (3 | 1).
$y = -3 - \frac{3}{2}x$ ist falsch. Die Funktionsgleichung zur gezeichneten Geraden ist $y = -3x - \frac{3}{2}$. Der Graph zu $y = -3 - \frac{3}{2}x$ wäre eine Gerade durch die Punkte P (0 | –3) und Q (2 | –6).

18. Die Graphen sind Geraden durch die Punkte P und Q.
a) P (0 | –4), Q (1 | –3)
b) P (0 | 3), Q (1 | 2)
c) P (0 | –1,4), Q (5 | 0,4)
d) P (0 | 5), Q (5 | 1)
e) P (0 | 0), Q (3 | 1)
f) $P\left(0 \middle| -\frac{1}{2}\right)$, $Q\left(3 \middle| -7\frac{1}{2}\right)$
g) P (0 | –1), Q (7 | 1)
h) P (0 | 0), Q (8 | 3)

179

19.

	Funktion	Schnittpunkt mit x-Achse	Schnittpunkt mit y-Achse	durch P (2 | 0)
a)	y = 6x – 3,5	$P\left(\frac{7}{12} \middle| 0\right)$	Q (0 | –3,5)	nein
b)	y = –2,6x + 5,2	P (2 | 0)	Q (0 | 5,2)	ja
c)	$y = -\frac{4}{5}x - \frac{3}{2}$	$P\left(-1\frac{7}{8} \middle| 0\right)$	$Q\left(0 \middle| -1\frac{1}{2}\right)$	nein
d)	$v = 1 - \frac{u}{2}$	P (2 | 0)	Q (0 | 1)	ja

20. **a)** $g_1(x) = -x + 2$
$g_2(x) = -2x + 1$
$g_3(x) = -\frac{x}{4} - \frac{1}{2}$

b) $g_1(x) = x - \frac{3}{2}$
$g_2(x) = -\frac{x}{6} + 2$
$g_3(x) = 3x + \frac{3}{2}$

c) $g_1(x) = -x$
$g_2(x) = x$
$g_3(x) = \frac{3}{2}$

21. **a)** y = –2x + 4
b) $y = -\frac{9}{10}x + 1$
c) y = –x – 2
d) $y = \frac{3}{2}x + 3$

179

22. **a)** $m = 2$, $y = 2x$ **c)** $m = \frac{1}{2}$, $y = \frac{1}{2}x + 4$

b) $m = 0$, $y = 4$ **d)** $m = -\frac{1}{9}$, $y = -\frac{1}{9}x + \frac{7}{3}$

23. **a)** (1) $c = 25$, $m = -300$ (2) $c = -22$, $m = 0{,}01$
b) Schnittpunkt mit der x-Achse: (1) S (0 | 0,0833) (2) S (0 | 2 200)

24. **a)** (1) Geraden durch den Ursprung, im 2. und 4. Quadranten
(2) Gerade identisch mit der x-Achse
(3) Geraden durch den Ursprung, im 1. und 3. Quadranten
b) Geraden mit Steigung 2
(1) mit negativem Ordinatenabschnitt b;
(2) durch den Ursprung;
(3) mit positivem Ordinatenabschnitt b.
c) Geraden, die sich im Punkt S (0 | −1) schneiden; für $m > 0$ steigend, für $m < 0$ fallend; für $m = 0$ parallel zur x-Achse.

25. (1) $y = mx$, $m > 0$
(2) $y = mx + b$, $m > 0$, $b > 0$
(3) (a) durch 1. und 3. Quadranten: $y = mx$, $m > 0$
(b) durch 2. und 4. Quadranten: $y = mx$, $m < 0$
(c) durch 1. und 2. Quadranten: $y = b$, $b > 0$
(d) durch 3. und 4. Quadranten: $y = b$, $b < 0$
(e) durch 1. und 4. Quadranten: $x = c$, $c > 0$
(f) durch 2. und 3. Quadranten: $x = c$, $c < 0$

26. $y = mx + b$
(1) $m > 0$, $b > 0$
1., 2., 3. Quadrant
(2) $m > 0$, $b < 0$
1., 3., 4. Quadrant
(3) $m < 0$, $b > 0$
1., 2., 4. Quadrant
(4) $m < 0$, $b < 0$
2., 3., 4. Quadrant
(5) $m > 0$, $b = 0$
1., 3. Quadrant
(6) $m < 0$, $b = 0$
2., 4. Quadrant
(7) $m = 0$, $b > 0$
1., 2. Quadrant
(8) $m = 0$, $b < 0$
3., 4. Quadrant
(9) $m = b = 0$
identisch mit x-Achse

180

27. $\gamma = 180° - 2\alpha$ $(0° < \alpha < 90°)$
Der Graph geht von (0° | 180°) bis (90° | 0°), wobei die Endpunkte nicht dazu gehören.

28. $\alpha = 90° - \beta$ $(0° < \beta < 90°)$
Der Graph geht von (0° | 90°) bis (90° | 0°), wobei die Endpunkte nicht dazu gehören.

180 **29.** **a)** y: Wasserhöhe (in m),
x: Zeit (in h)
$y = 2{,}5 - 0{,}4x$ mit $x \geq 0$
Der Graph geht von (0 h | 2,5 m) bis $\left(6\frac{1}{4}\text{ h} \middle| 0\text{ m}\right)$.

b) Nach $6\frac{1}{4}$ h, also nach 6 h 15 min ist das Becken leer.

c) Insgesamt fasst das Becken 37,5 m^3 Wasser. Die Grundfläche ist also 15 m^2 groß.

30. Nur bei gleicher Unterteilung der Achsen ergibt sich das „gewohnte“ Bild. Sind die Unterteilungen unterschiedlich, ergeben sich veränderte Anstiege.

31. Auf dem GTR-Bildschirmausschnitt wird nicht jedem Wert (x-Wert) ein Funktionswert (y-Wert) zugeordnet, da die Skalierung ungeschickt gewählt ist bzw. standardmäßig so eingestellt ist. Dennoch ist $y = 2x - 2$ eine Funktion.

32. *Beispiele:*
a) $y = 3x + 2$ **b)** $y = -3x - 6$ **c)** $y = -x + 2$, Schnittpunkt S(2 | 0)

33. **a)** Die Geraden schneiden sich im Punkt (–2 | –5).
b) Die Geraden verlaufen parallel.
c) Die Geraden verlaufen parallel.
d) Die Geraden schneiden sich im Punkt (1,2 | –1,2).

34. **a)** Die Geraden schneiden sich.
b) Die Geraden verlaufen parallel.
c) Die Geraden schneiden sich.
d) Die Geraden sind deckungsgleich.

35. -

4.4 Nullstellen linearer Funktionen – Grafisches Deuten des Lösens linearer Gleichungen

182 **1.** **a)** $y = -6x + 80$
b) $0 = -6x + 80 \rightarrow x = 13{,}3$ s
Es dauert ca. 13,3 s bis zum Erdgeschoss.
c) $-9 = -6x + 80 \rightarrow x = 14{,}8$ s
Es dauert ca. 14,8 s bis zum 3. Untergeschoss.

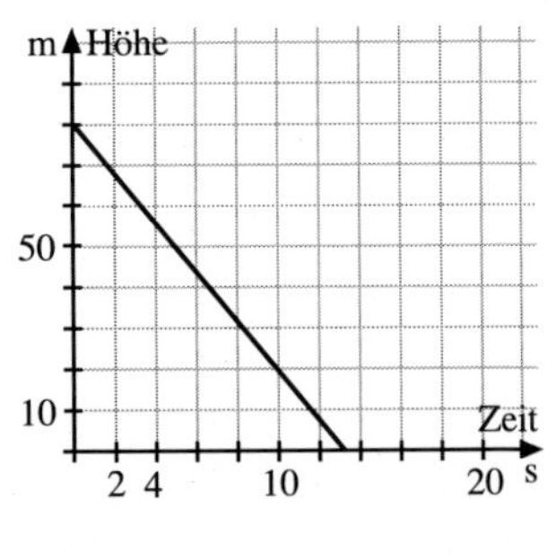

183

2.

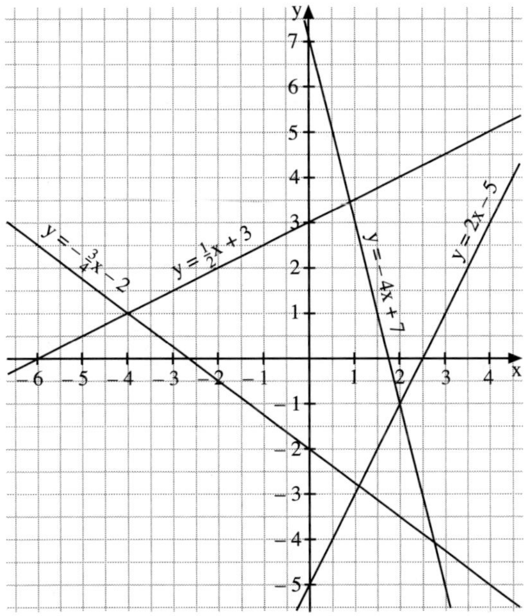

a) $x_0 = 2{,}5$ **b)** $x_0 = \frac{7}{4}$ **c)** $x_0 = -6$ **d)** $x_0 = -\frac{8}{3}$

3. **a)** $x_0 = \frac{7}{3}$ **c)** $x_0 = -50$ **e)** $x_0 = 11\frac{2}{3}$ **g)** $x_0 = 0$

b) $x_0 = 2{,}5$ **d)** $x_0 = -7{,}5$ **f)** $x_0 = 3\frac{3}{4}$ **h)** -

4. **a)**

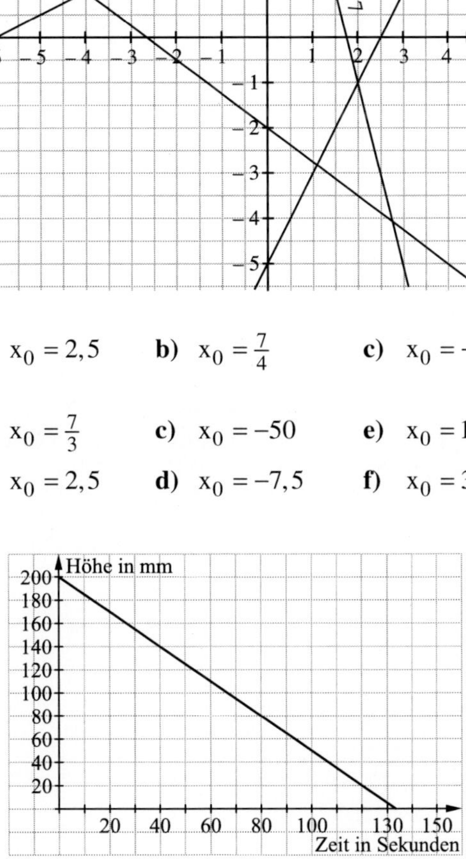

b) $133\frac{1}{3}$ s nach Beginn des Sinkfluges.

c) Nach $126\frac{2}{3}$ s nach Beginn des Sinkfluges.

d) $33\frac{1}{2}$ s früher

5. **a)** $x = -2{,}5$ **c)** $x = 43$ **e)** $x = 18\frac{1}{3}$

b) $x = \frac{1}{3}$ **d)** $x = 6\frac{2}{3}$ **f)** $x = 4{,}5$

183

6. a)

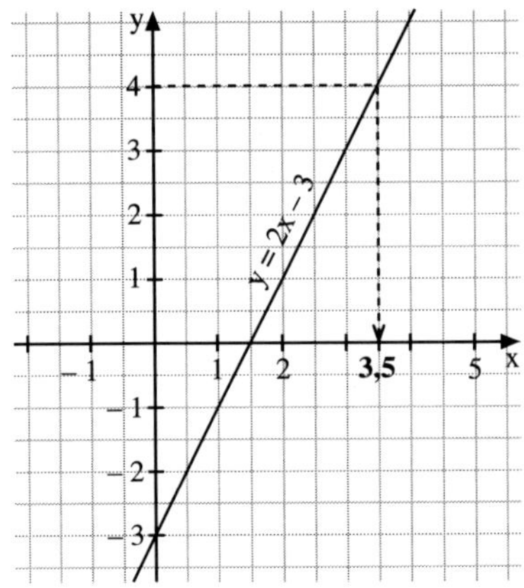

$x_0 = 3{,}5$

b)

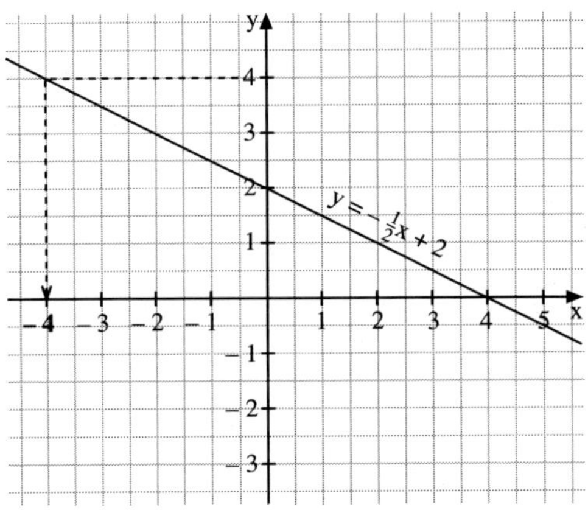

$x_0 = -4$

c)

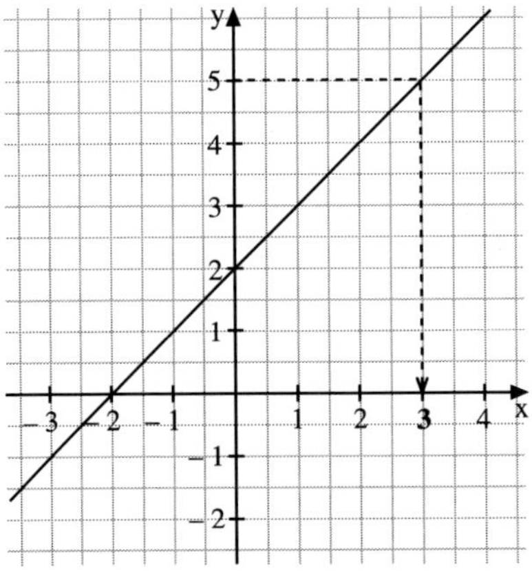

$x_0 = 3$

183

6. d)

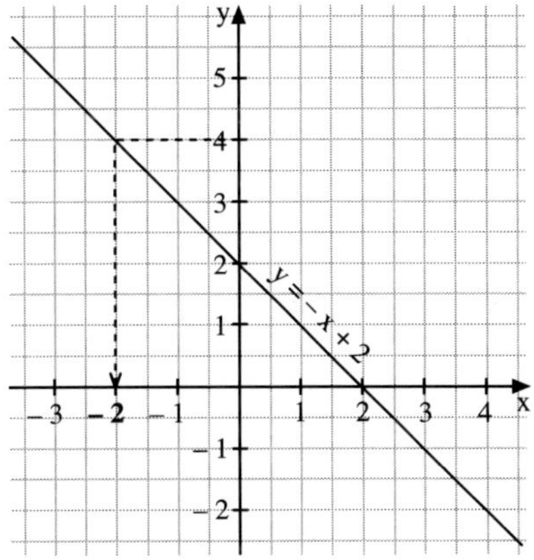

$x_0 = -2$

7. (1)

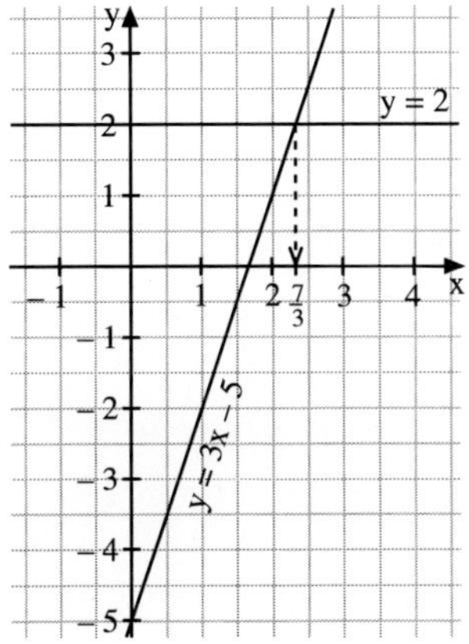

(2)

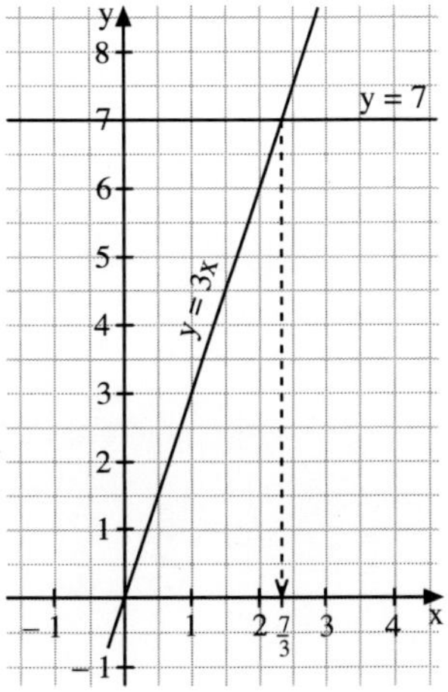

(3)

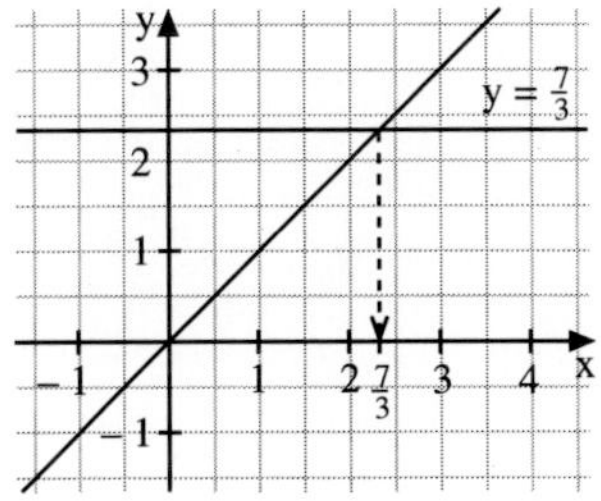

Gemeinsam ist jeweils der x-Wert des Schnittpunktes, als Lösung der Gleichung.
Der y-Wert ist aber unterschiedlich.

8. **a)** $x = 15$ **b)** $x = -19{,}375$ **c)** $x = 100$ **d)** $x = -67{,}5$

9. Schnittpunkte
a) $x = 10$ **b)** kein Schnittpunkt **c)** $x = 40{,}5$ **d)** $x = 234{,}9835$

10. Z. B. $y_1 = x - 4$ $y_2 = -\frac{1}{2}x + 2$ $y_3 = 5x - 20$

183 **11.** Achsenabschnitt: $y_0 = 5{,}5$

Nullstelle: $x_0 = 11$

Funktionsgleichung: $y = -0{,}5x + 5{,}5$

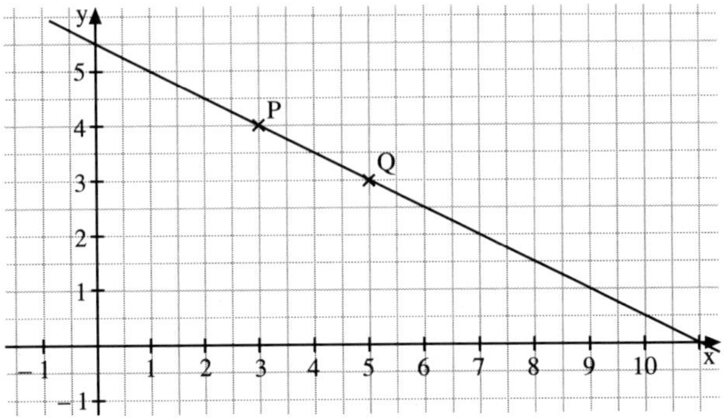

Auf den Punkt gebracht: Dokumentieren von Rechenergebnissen

184 **1.** Sandra: ausführlich, reproduzierbar, keine weitere Erklärung nötig
Maike: nur einige der wichtigsten Informationen vorhanden, nähere Erläuterungen notwendig.

185 **2. a)** Information „100 g entsprechen 0,98 €“ in allgemeinen Dreisatz umgesetzt, daraus ergibt sich der Zusammenhang „L1 = 0,0098 · L2“, dieser entspricht der Geradengleichung „Y1 = 0,98 · X/100“, welche anschließend grafisch dargestellt ist.

b) Tabelle ist bei Pascal sinnvoller: richtige Größen, mit Einheiten, geordnet, besser lesbare Zahlendarstellung.
Graph ist bei Marius sinnvoller: Pfeile, Achsenbeschriftung (aber: Einheit der Menge fehlt auch hier), Hilfslinien.
Marius beantwortet als einziger die zweite Frage schriftlich, die Antwort zur ersten Frage ist von keinem formuliert. Ein einziges Wertepaar macht die Skalierung der Achsen nicht deutlich, die Geradengleichung fehlt ebenfalls.

4.5 Vermischte Übungen

186

1. **a)**

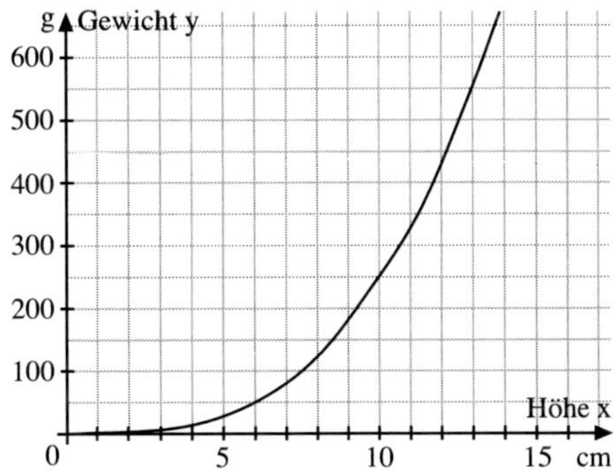

c) $y = \frac{1}{4}x^3$

d) 843,75 g

b)

Gewicht (in g)	50	100	200	500
Höhe (in cm)	5,8	7,4	9,3	12,6

2. (1) $2x - y = 0$ lineare Funktion
(2) $x \cdot y = 2$ keines von beiden
(3) $2x + y = 2$ proportionale Funktion

3. **a)** $m = 1$ $\left[c = \frac{13}{3}\right]$ **c)** $m = -6$ $\left[c = \frac{17}{9}\right]$
b) $m = 3$ $\left[c = \frac{2}{3}\right]$ **d)** $m = 0$ $\left[c = \frac{5}{3}\right]$

4. **a)** 60 $\left[-60;\ 0;\ 6;\ -3;\ 2;\ -\frac{12}{5}\right]$
b) $-9{,}5$ $\left[10{,}5;\ 0{,}5;\ -0{,}5;\ 1;\ \frac{1}{6};\ \frac{9}{10}\right]$
c) 7,4 $[-7{,}6;\ -0{,}1;\ 0{,}65;\ -0{,}475;\ 0{,}15;\ -0{,}4]$
d) -1 $\left[3;\ 1;\ \frac{4}{5};\ 1{,}1;\ \frac{14}{15};\ \frac{27}{25}\right]$
e) immer 4,5

5. **a)** 3 $\left[2;\ \frac{5}{2};\ \frac{7}{2};\ \frac{3}{2};\ 3{,}75;\ \frac{17}{8}\right]$
b) 2 $\left[3;\ \frac{5}{2};\ \frac{3}{2};\ \frac{7}{2};\ 1{,}25;\ \frac{23}{8}\right]$
c) $-0{,}025$ $\left[-0{,}275;\ -0{,}15;\ 0{,}1;\ -0{,}4;\ \frac{13}{80};\ -\frac{39}{160}\right]$
d) $\frac{12}{5}$ $\left[0;\ \frac{6}{5};\ \frac{18}{5};\ -\frac{6}{5};\ 4{,}2;\ \frac{3}{10}\right]$
e) 1 $\left[-1{,}5;\ -0{,}25;\ 2{,}25;\ -2{,}75;\ \frac{23}{8};\ -\frac{19}{16}\right]$

6. **a)** $x = 4$ **b)** $x = -3$ **c)** $x = 4$ **d)** $x = 4$

187

7. **a)** Jan hat einen kleinen Ausschnitt von $x = -10$ bis $x = 10$ gewählt. Außerdem aber auf der y-Achse auch von $y = -10$ bis $y = 10$. Die Gerade steigt von $x = -10$ bis $x = 10$ nur um 0,02. Dadurch sieht es so aus, als ob die Gerade parallel zur x-Achse verläuft.

b) (1) Zum Beispiel von $x = -0{,}5$ bis $x = 0$ und $y = -10$ bis $y = 10$.
(2) Zum Beispiel von $x = 1\,499$ bis $x = 1\,501$ und $y = -0{,}1$ bis $y = 0{,}1$.
(3) Zum Beispiel von $x = 28$ bis $x = 29$ und $y = -10$ bis $y = 10$.

8. Der Einfluss der verschiedenen Einstellungen hängt einerseits vom Rechnermodell, andererseits aber auch von den vorherigen Einstellungen des Rechners ab. Die Geraden verlaufen ggf. steiler bzw. flacher.

9. Die Parallelen zur y-Achse sind keine Graphen von linearen Funktionen.

10. Hier ohne Tabelle und Graph.
y: Temperatur in °R, x: Temperatur in °C; Steigung $m = 0{,}8$;
Funktionsgleichung: $y = 0{,}8x$

11. **a)** Umwandlung °C in °F: $y = 1{,}8x + 32$
y: Temperatur in °F
x: Temperatur in °C
Umwandlung °F in °C: $x = \frac{5}{9}y - 17\frac{7}{9}$

b) $-40°F = -40°C$

c) Für normale Temperaturen ist die Faustformel ganz gut.

188

12. Die Punkte müssen auf einer Geraden liegen.

a) nein **b)** nein **c)** $y = -\frac{2}{3}x + 5$ **d)** $y = \frac{x}{2}$

13. x: Länge der Fahrstrecke (in km)
y: Mietkosten (in €)
Firma A: $y = 40 + 0{,}13x$
Firma B: $y = 50 + 0{,}1x$
Firma C: $y = 0{,}4x$
Firma D: $y = 69$

Welche Firma am günstigsten ist, hängt von der Länge der Fahrstrecke ab:
Bis etwa 150 km ist Firma C am günstigsten, von 150 km bis 180 km Firma A, ab 224 km zahlt man am wenigsten bei Firma D.

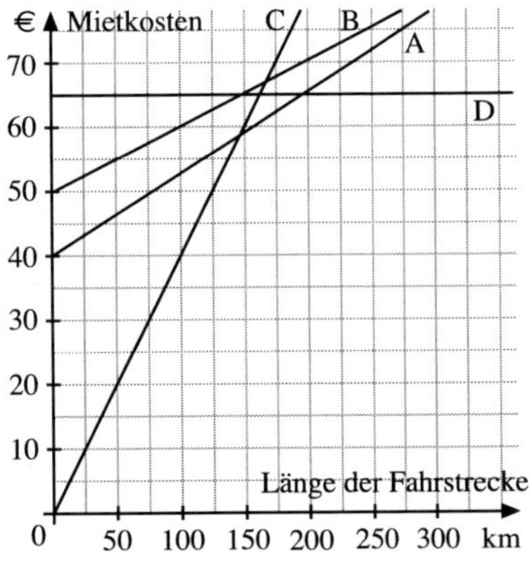

188

14. *1. Beispiel*
Sachverhalt: Eine Anfangs 8 cm hohe Kerze wird beim Brennen stündlich 1,5 cm kürzer.
Wertetabelle:

x	0	1	2	3	4	5
y	8,0	6,5	5	3,5	2	0,5

Funktionsgleichung: $y = -1{,}5x + 8$
Graph: Strecke von P (0 | 8) bis $Q\left(5\frac{1}{3}\middle|0\right)$

2. Beispiel
Sachverhalt: Ein Taxiunternehmen verlangt einen Grundpreis von 4,00 € und zusätzlich 0,50 € für jeden gefahrenen Kilometer.
Wertetabelle:

x	0	2	4	6	8
y	4	5	6	7	8

Funktionsgleichung: $y = 0{,}5x + 4$
Graph: Halbgerade von P (0 | 4) durch Q (8 | 8)

3. Beispiel
Sachverhalt: Das Ergebnis ist das Doppelte der Zahl vermindert um 1.
Wertetabelle:

x	0	1	2	3	4	5
y	–1	1	3	5	7	9

Funktionsgleichung: $y = 2x - 1$
Graph: Gerade durch P (0 | –1) und Q (1 | 1).

4. Beispiel
Sachverhalt: Eine Leiste kostet 2,00 € pro m.
Wertetabelle:

x	1	2	3	4	5
y	0,5	1	1,5	2	2,5

Funktionsgleichung: $y = 0{,}5x$ mit $x \geq 0$
Graph: Halbgerade von O (0 | 0) durch P (2 | 1).

15. Hier nur die Funktionsgleichungen:
a) $y = \frac{3}{4}x + 2$ **b)** $y = \frac{3}{4}x - 2$ **c)** $y = -\frac{4}{3}x + \frac{8}{3}$

16. (1) *Zum Beispiel:* $y = 2$, $y = 4$, $y = 6$… und $y = 3x + 5$, $y = 3x$, $y = 3x - 5$, $y = 3x - 10$, …
(2) *Zum Beispiel:* $y = 1{,}5x + 5$, $y = 1{,}5\,x$, $y = 1{,}5x - 5$, $y = 1{,}5x - 10$, … und $y = -\frac{1}{3}x + 10$, $y = -\frac{1}{3}x + 8$, $y = -\frac{1}{3}x + 6$ …
(3) *Zum Beispiel:* $y = \frac{1}{2}x$, $y = x$, $y = 2x$, $y = 3x$, $y = -3x$, $y = -2x$, $y = -x$, $y = -\frac{1}{2}x$

17. -

Im Blickpunkt: Ausgleichsgeraden durch Punktwolken

189 **1. a)** -

b)

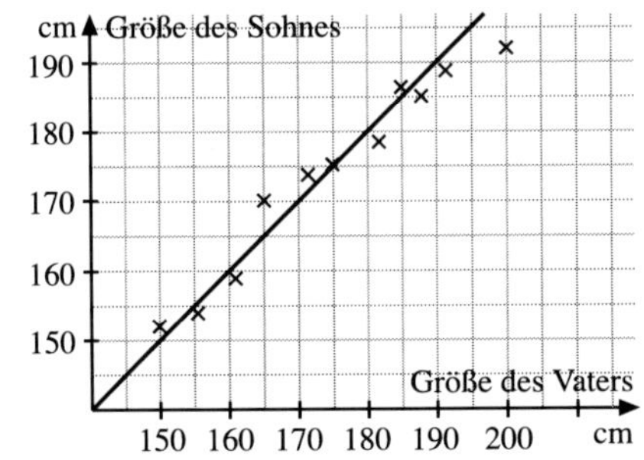

(Die gezeichnete Gerade ist eine Beispielgerade mit der Funktionsgleichung y = x.)

c) Der Sohn wird genauso groß wie der Vater, also 1,70 m.

d) -

190 **2. a)** Zum Beispiel: $y = -2\frac{11}{15}x + 1\frac{2}{45} = -2{,}73x + 1{,}04$ **b)** $\approx -26°C$

3. Die Werte liegen ungefähr auf einer Geraden mit der Funktionsgleichung $y = 71{,}4x + 52{,}7$

4.6 Antiproportionale Funktionen

192 **2. a)** Funktionsgleichung: $y = \frac{18}{x}$

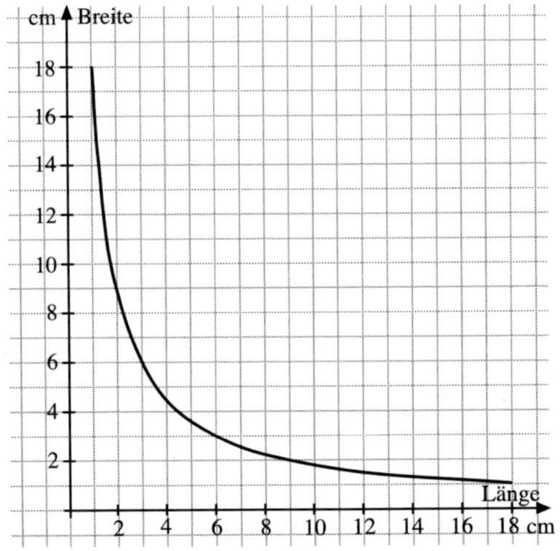

b) Man erhält den zweiten Ast der Parabel, der punktsymmetrisch zum ersten Ast ist. Symmetriepunkt ist der Ursprung O (0 | 0).

192

3. a)

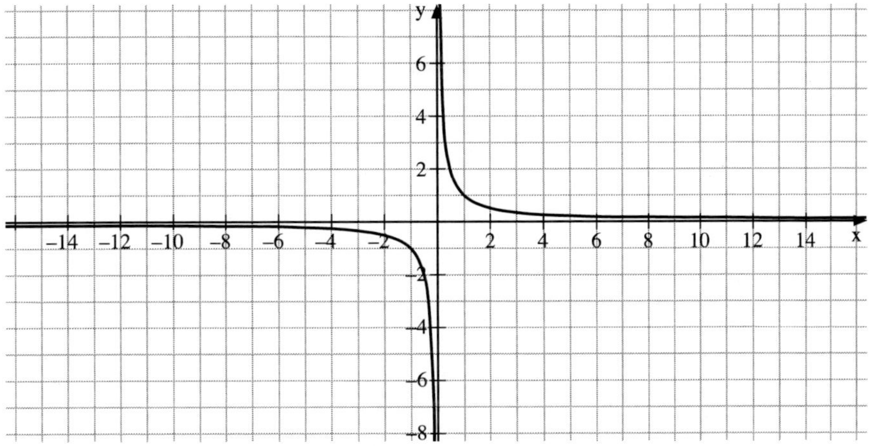
y
6
4
2
-2
-4
-6
-8
-14
-12
-10
-8
-6
-4
-2
2
4
6
8
10
12
14
x

b)

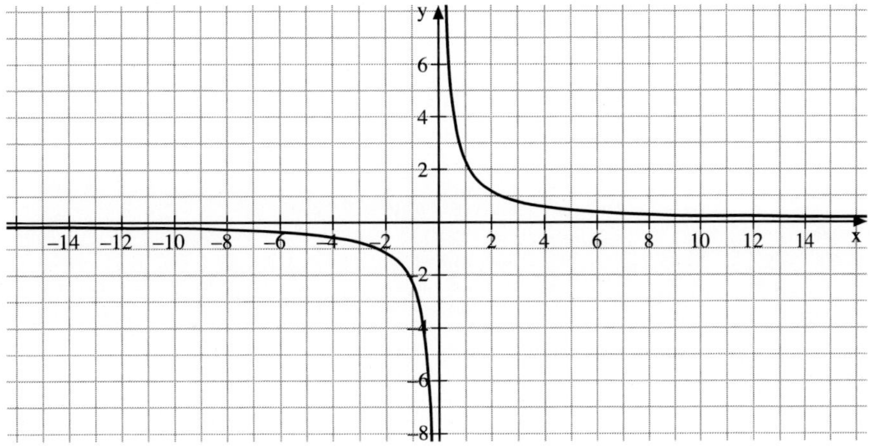
y
6
4
2
-2
-4
-6
-8
-14
-12
-10
-8
-6
-4
-2
2
4
6
8
10
12
14
x

c)

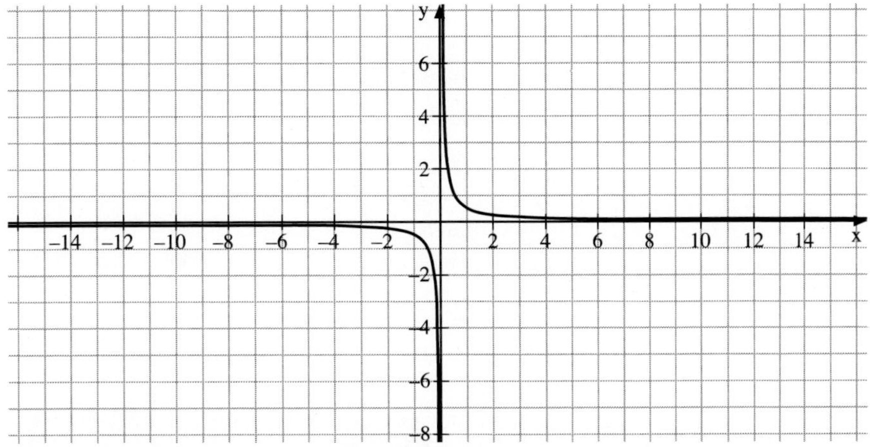
y
6
4
2
-2
-4
-6
-8
-14
-12
-10
-8
-6
-4
-2
2
4
6
8
10
12
14
x

192

3. d)

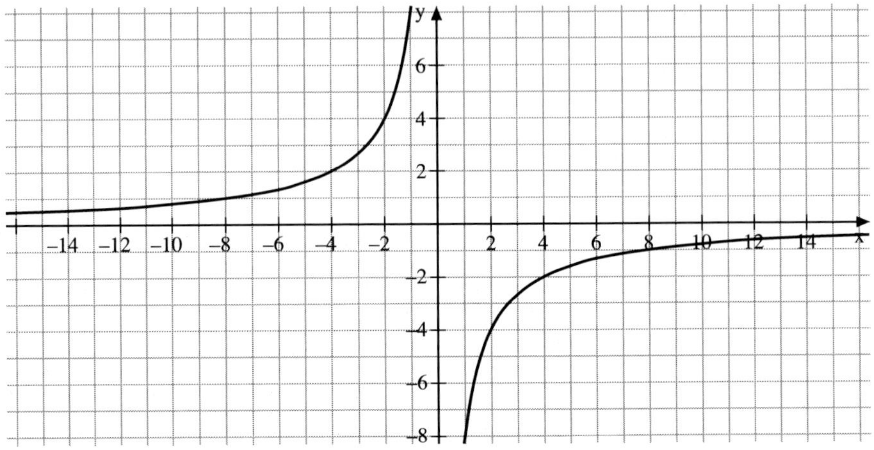

e)

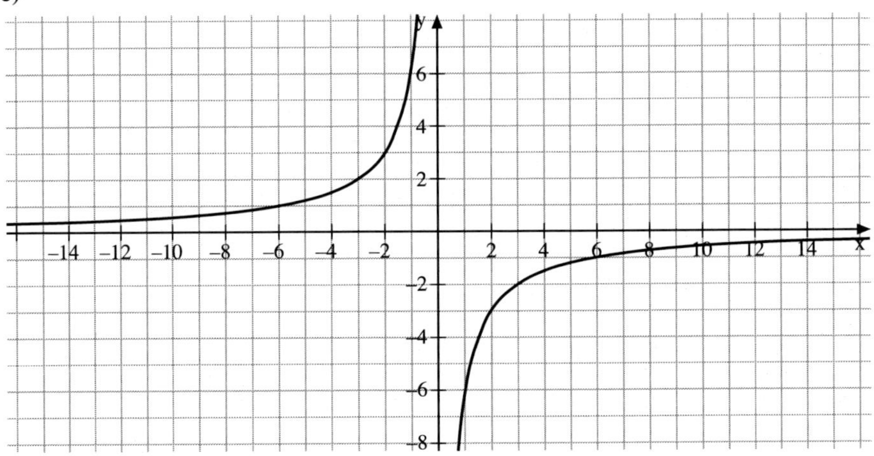

4. a) 30 Tage; 20 Tage; 18 Tage

b) Funktionsgleichung: $y = \frac{180}{x}$

$x \cdot y = x \cdot \frac{180}{x} = 180$

Das Produkt hat immer den Wert 180 (Manntage). Die Funktion ist also antiproportional.

c) 9 Programmierer [15 Programmierer; 18 Programmierer; 45 Programmierer]

5. Wasservolumen des Beckens: $V = 50\ m^2 \cdot 2{,}40\ m = 120\ m^3$

a) 2,00 m; 1,50 m; 1,60 m; 0,96 m

b) $100\ m^2$ [$40\ m^2$; $150\ m^2$]

192

5. c) Das Produkt x · y gibt das Wasservolumen V = 120 m³ an. Dieses vorgeschriebene Fassungsvermögen ist immer gleich groß, x · y hat also stets den gleichen Wert.
Funktionsgleichung: $y = \frac{120}{x}$

6. a) k = 12; Funktionswerte: $12;\ -8\frac{4}{7};\ -24$

b) k = 4; Funktionswerte: $4;\ -2\frac{6}{7};\ -8$

c) k = 5; Funktionswerte: $5;\ -3\frac{4}{7};\ -10$

d) k = −9; Funktionswerte: $-9;\ 6\frac{3}{7};\ 18$

7. k = 2,4; $P_2(2{,}5\,|\,0{,}96)$; $P_3(-4\,|\,-0{,}6)$; $P_4(-1\,|\,-2{,}4)$; $P_5\left(-\frac{5}{12}\,\middle|\,-5{,}76\right)$

Im Blickpunkt: Energie sparen

193

1. a) $5{,}00\ € + 1000 \cdot \frac{15}{1000} \cdot 0{,}17\ € = 7{,}55\ €$ (Energiesparlampe)

$0{,}80\ € + 1000 \cdot \frac{75}{1000} \cdot 0{,}17\ € = 13{,}55\ €$ (Glühlampe)

$[5{,}00\ € + 8000 \cdot \frac{15}{1000} \cdot 0{,}17\ € = 25{,}40\ €$ (Energiesparlampe)]

$[8 \cdot 0{,}80\ € + 8000 \cdot \frac{75}{1000} \cdot 0{,}17\ € = 102{,}80\ €$ (Glühlampe)]

b)

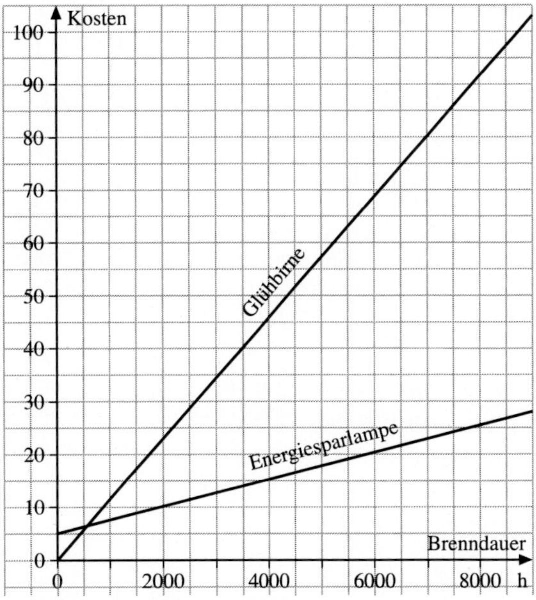

193 2. *Kosten für 18 Spielstunden:* Batterien: 0,90 €; Akkus: 4 € + 9 € + 0,00004 €

also: $0{,}90x = 13 + 0{,}00004x$

$x = 14{,}4451$

Nach ungefähr $14{,}4451 \cdot 18$ Spielstunden, also etwa nach 260 Spielstunden hat sich der Kauf der Akkus finanziell gelohnt.

3. -

4.7 Aufgaben zur Vertiefung

194 1.

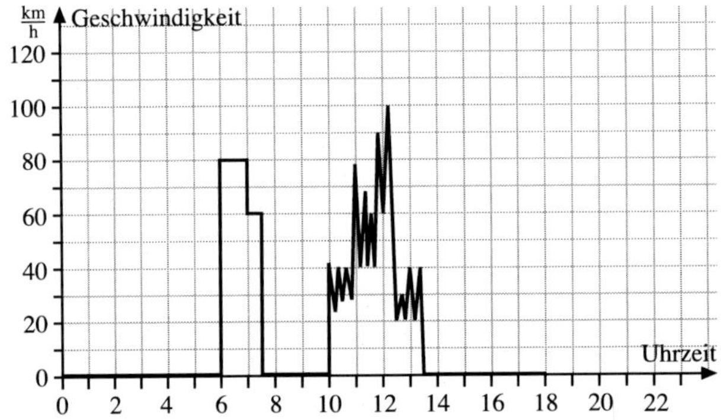

Die Fahrt begann um 6.00 Uhr. Bis 7.00 Uhr betrug die Geschwindigkeit $80\,\frac{\text{km}}{\text{h}}$, dann bis 8.30 Uhr $60\,\frac{\text{km}}{\text{h}}$. Nach einer Pause bis 10.00 Uhr begann die Fahrt erneut. Die Geschwindigkeit variierte bis 11.00 Uhr zwischen $40\,\frac{\text{km}}{\text{h}}$ und etwas unter $20\,\frac{\text{km}}{\text{h}}$, dann bis 12.00 Uhr zwischen $40\,\frac{\text{km}}{\text{h}}$ und $90\,\frac{\text{km}}{\text{h}}$, kurz nach 12.00 Uhr stieg sie von $60\,\frac{\text{km}}{\text{h}}$ auf $100\,\frac{\text{km}}{\text{h}}$, dann von 12.15 Uhr bis 14.30 Uhr wieder zwischen $20\,\frac{\text{km}}{\text{h}}$ und $40\,\frac{\text{km}}{\text{h}}$. Die Fahrt endete um 14.30 Uhr.

2.

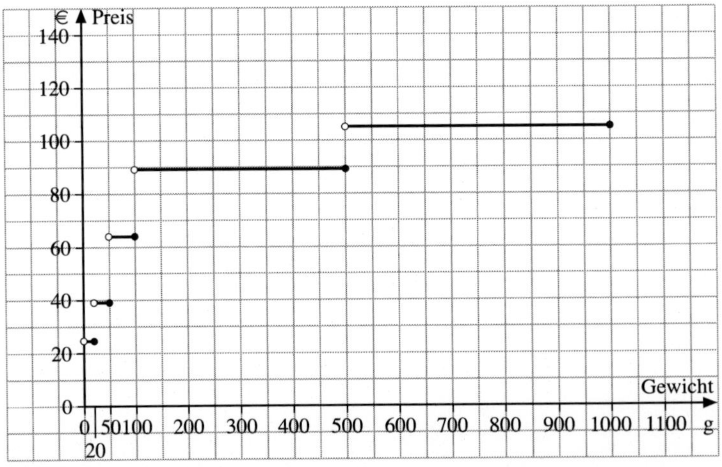

194 **3. a)** $29 + (s - 50) \cdot 0{,}2 = 0{,}2s + 19$

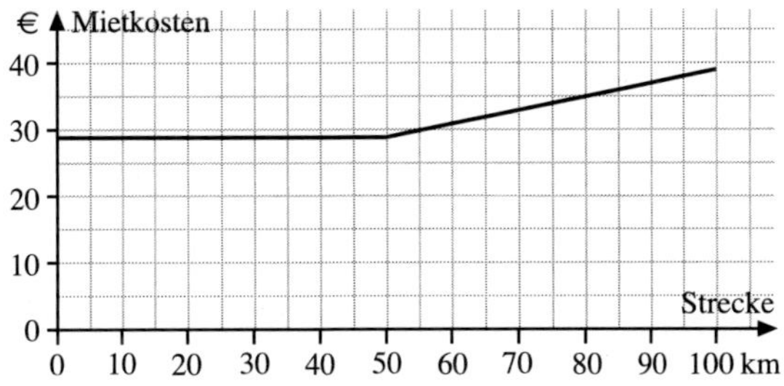

b) Pauschale 29 € am Tag. 50 km frei. Darüber 20 Cent pro km.

4. a) Der Graph wird für $x \leq 2$ an der x-Achse gespiegelt.

b) Die Graphen sind identisch. Der Graph von $f(x) = 2x - 4$ wird für $x \leq 0$ an der zur x-Achse parallelen Geraden durch $P(0 \mid -4)$ gespiegelt.

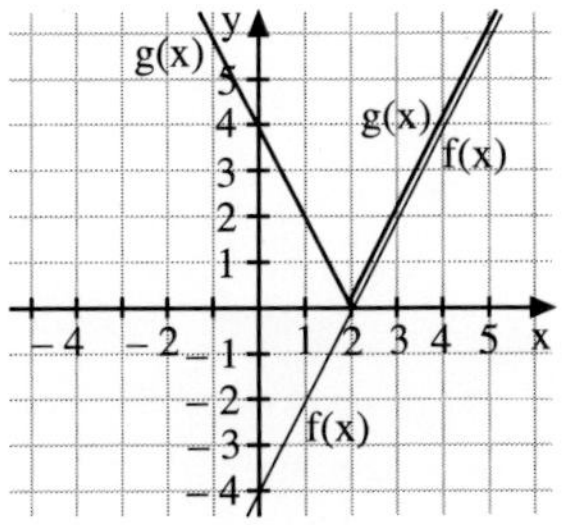

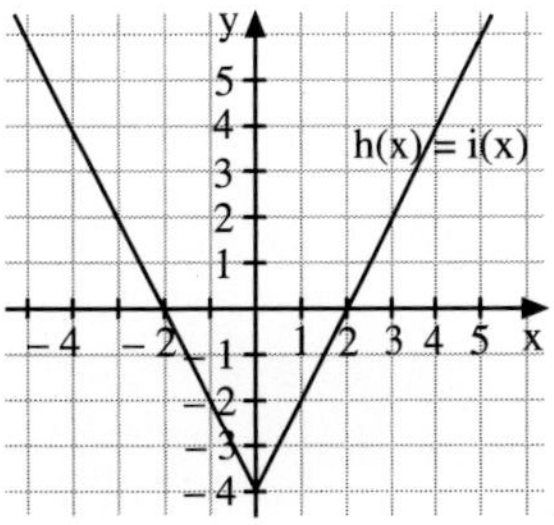

195 **5. a)**

$$f(x) = \begin{cases} 0{,}67x; & 0 \leq x \leq 1\,000 \\ 0{,}61x; & 1\,000 < x \leq 3\,000 \\ 0{,}59x; & 3\,000 < x \leq 5\,000 \\ 0{,}57x; & 5\,000 < x \end{cases}$$

195

5. b)

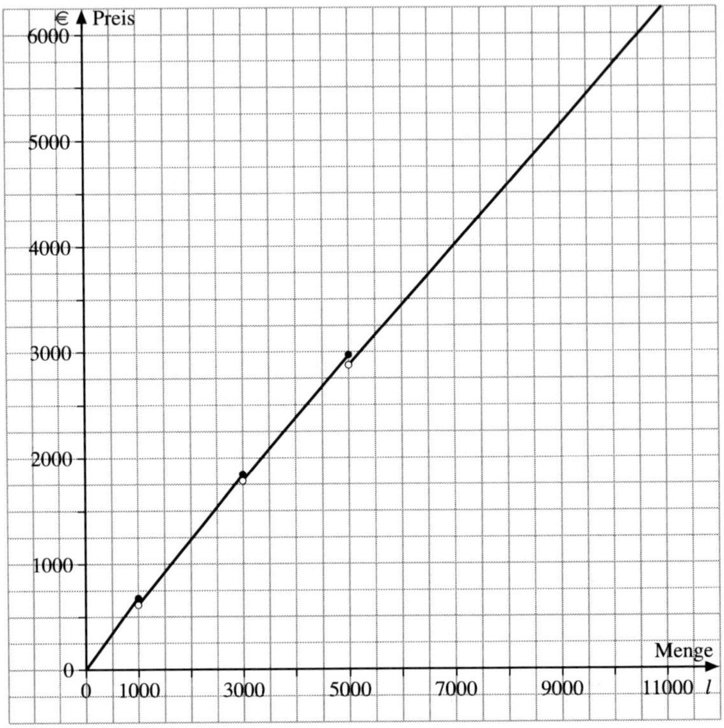

c) 3 000 ℓ kosten 1 830 €; 3 001 ℓ kosten 1 770,59 €

d) An den Übergangsstellen ist der Graph „ausgeglichen", sodass keine „Sprünge" im Graph vorkommen.

e) Je nach Steigung der gewählten Geraden.

6. a) Tarif 1: f (x) = 51 + 0,42x

Tarif 2: $g(x) = \begin{cases} 78; & 0 \leq x \leq 50 \\ 78 + 0{,}28(x - 50) = 0{,}28x + 64; & x > 50 \end{cases}$

b)

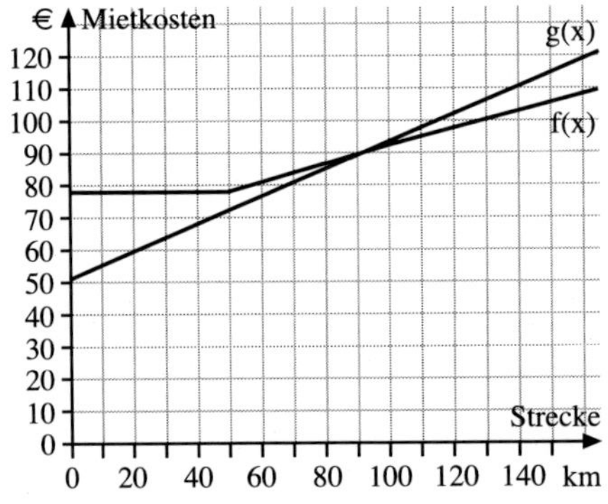

c) Für Strecken bis 92 km ist Tarif 1 günstiger als Tarif 2, ab 93 km ist Tarif 2 günstiger.

195

7. a) 1 €; 2 €; 3,70 €; 4,50 €; 23,30 €; 30,50 €

b)

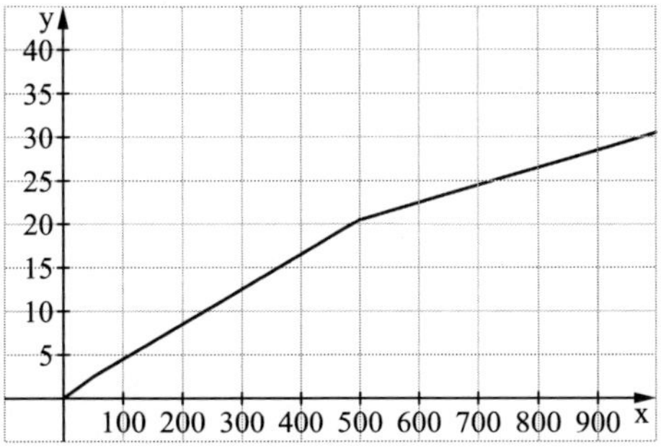

Abschnitt 1 € - 50 €: $y = 0{,}05 \cdot x$

Abschnitt > 50 € - 500 €: $y = 2{,}5 + 0{,}04 \cdot (x - 50{,}01)$

Abschnitt > 500 €: $y = 20{,}5 + 0{,}02 \cdot (x - 500{,}01)$

(x = Verkaufspreis; y = Provision)

c)

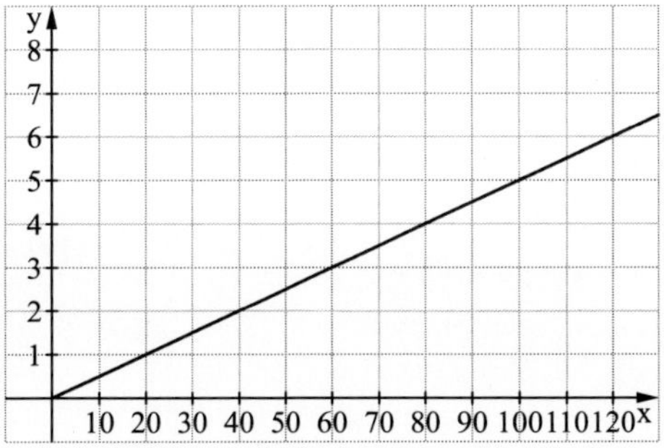

Für höhere Verkaufspreise wird die Provision leicht weniger.

Bleib fit im Umgang mit der Wahrscheinlichkeitsrechnung

197

1. **a)** (1) $p(3) = \frac{1}{8}$

(2) $p(\overline{3}) = \frac{7}{8}$

(3) $p(\text{mindestens } 3) = \frac{3}{4}$

(4) $p(\text{Zahl durch 3 teilbar}) = \frac{1}{4}$

b) $p(\text{beim nächsten Wurf eine } 3) = \frac{1}{8}$

c) Eine sehr hohe Anzahl an Würfen würfeln.

198

2. **a)** $p(\text{Kreuz-Bube}) = \frac{1}{32}$

b) $p(\text{Bube}) = \frac{4}{32} = \frac{1}{8}$

c) $p(\text{Kreuz-Karte}) = \frac{8}{32} = \frac{1}{4}$

d) $p(\text{rote Karte}) = \frac{16}{32} = \frac{1}{2}$

e) $p(\text{Karte ohne Punkte}) = \frac{12}{32} = \frac{3}{8}$

3. **a)** P(gerade Augenzahl) = 0,4
b) P(ungerade Augenzahl) = 0,6
c) P(Augenzahl höher als 3) = 0,6
d) P(Augenzahl mindestens 2) = 0,52
e) P(Augenzahl durch 7 teilbar) = 0
f) p(Augenzahl kleiner als 7) = 1

4. Jede richtige Ziffer hat die Wahrscheinlichkeit p = 0,1

Gewinn	Wahrscheinlichkeit
2,50 €	P(2 richtige Endziffern) = 0,01
66,00 €	P(3 richtige Endziffern) = 0,001
666,00 €	P(4 richtige Endziffern) = 0,0001
6 666,00 €	P(5 richtige Endziffern) = 0,00001
100 000,00 €	P(3 richtige Endziffern) = 0,000001

5. Berechnungen an Kreis und Zylinder

5.1 Umfang eines Kreises

201

2. Man erhält ungefähr folgende Umfänge: 9,4 cm; 18,8 cm; 28,3 cm; 37,7 cm
Der Kreisumfang ist proportional zum Durchmesser.
Es gilt ungefähr: $u \approx 3{,}14 \cdot d$

3. **a)** $u \approx 12{,}6$ m **c)** $u \approx 4{,}1$ m **e)** $u \approx 37{,}7$ mm
b) $u \approx 106{,}8$ cm **d)** $u \approx 15{,}7$ m **f)** $u \approx 5{,}3$ km

4. **a)** $u \approx 37{,}7$ cm **b)** $u \approx 141{,}4$ cm **c)** $u \approx 166{,}5$ cm **d)** $u \approx 226{,}2$ mm

202

5. **a)** $d \approx 54{,}1$ cm
b) Man muss für jeden Jahresring 4 mm rechnen, da die 2 mm auf beiden Seiten abgerechnet werden müssen. Die Buche ist ungefähr 34 Jahre alt.

6. **a)** $d \approx 8{,}6$ cm, $r \approx 4{,}3$ cm **c)** $d \approx 257{,}8$ mm, $r \approx 128{,}9$ mm **e)** $d \approx 3{,}18$ m, $r \approx 1{,}59$ m
b) $d \approx 0{,}38$ m, $r \approx 0{,}19$ m **d)** $d \approx 3{,}92$ m, $r \approx 1{,}96$ m

7. **a)** Das Mountainbike ist ungefähr 102 m weit gerollt.
b) Die Räder des Citybikes drehen sich auf der gleichen Strecke ungefähr 46-mal.

8. $u = 2\,\pi \cdot 2{,}80\text{ m} \approx 17{,}59\text{ m}$; $500\text{ m} : 2\,\pi \cdot 2{,}80\text{ m} \approx 28{,}42$
Das Rad muss sich ungefähr $28\frac{1}{2}$-mal drehen.

9. *Zum Beispiel:* Wie lange dauert es, bis das Riesenrad sich einmal gedreht hat?
Rechnung: $u = \pi \cdot 61\text{ m} \approx 191{,}64\text{ m}$; $u : 0{,}75 \approx 255{,}5$
Antwort: Das Rad benötigt gut 255 Sekunden für eine Umdrehung, also etwa $4\frac{1}{4}$ Minuten.

10. Länge der Umlaufbahn: 42 240 km
Radius der Umlaufbahn: 6 726 km
Der Satellit fliegt in einer Höhe von ungefähr 348 km über der Erde.

11. 41 330 km; 27 554 pro Stunde

202

12. **a)** 942 477 796 km ≈ 942 500 000 km
[2 582 131 km ≈ 2 582 000 km; 107 589 km ≈ 107 600 km]

b) $29{,}886\ \frac{\text{km}}{\text{s}} \approx 29{,}9\ \frac{\text{km}}{\text{s}}$

13. **a)** Radius Taille: 80 cm : 2 : π ≈ 12,7 cm
Radius Gürtel: 180 cm : 2 : π ≈ 28,6 cm
Differenz: 28,6 cm – 12,7 cm ≈ 15,9 cm
Da der Gürtel auch zugemacht werden muss, steht er 5 cm bis 10 cm über, d. h. der Radius ist dann gut 27 cm. Der Gürtel steht immer noch etwa 15 cm ab.

b) $h = \frac{u+1}{2\pi} - \frac{u}{2\pi} = \frac{1}{2\pi} \approx 0{,}159$

Zwischen Erde und Seil ist etwa 16 cm "Luft".

c) Für die Umfänge u_1 und u_2 erhält man für den Abstand d:

$$d = \frac{u_2}{2\pi} - \frac{u_1}{2\pi} = \frac{u_2 - u_1}{2\pi}$$

Der Abstand ist also gleich der Differenz der Umfänge geteilt durch 2 π, ist also proportional zur Differenz der Abstände. Der Propotionalitätsfaktor ist $\frac{1}{2\pi}$.

5.2 Flächeninhalt eines Kreises

204

2. **a)** $A = \left(\frac{2\text{ cm}}{2}\right)^2 \cdot \pi = \pi\text{ cm}^2 \approx 3{,}14\text{ cm}^2$

b) $A = \pi r^2 = \pi \cdot \left(\frac{d}{2}\right)^2 = \pi \cdot \frac{d^2}{4} = \frac{\pi}{4} d^2$

3. **a)** $A = \pi \cdot (5{,}3\text{ cm})^2 - \pi \cdot (2{,}8\text{ cm})^2 \approx 63{,}6\text{ cm}^2$

b) $A = \pi\, {r_2}^2 - \pi\, {r_1}^2 = \pi\left({r_2}^2 - {r_1}^2\right)$

4. **a)** äußeres Quadrat: 49 cm² inneres Quadrat: 25 cm²

b) Kreis: ungefähr $\frac{49\text{ cm}^2 + 25\text{ cm}^2}{2} = 37\text{ cm}^2$

c) Der Flächeninhalt des Kreises ist ungefähr dreimal so groß wie der des Quadrats.

205

5. Das Beet ist ungefähr 2 m² groß (genauer 2,01 m²).

6. Er kann in einem Gebiet von ungefähr 15 400 km² eingesetzt werden.

7. Die Tischfläche ist ungefähr 1,5 m² groß (genauer 1,54 m²).

205

8. **a)** $A \approx 28{,}3\ cm^2$ **b)** $A \approx 154\ cm^2$ **c)** $A \approx 50{,}3\ cm^2$ **d)** $A \approx 0{,}79\ km^2$ **e)** $A \approx 3{,}80\ cm^2$

9. **a)** $A \approx 1{,}13\ m^2$ **b)** $A \approx 1{,}54\ m^2$

10. Die beiden kleinen Pizzen sind $454\ cm^2$ groß, die große Pizza ist $491\ cm^2$ groß.

11. **a)** $A \approx 25{,}8\ m^2$ **b)** $A \approx 19{,}4\ cm^2$ **c)** $A \approx 92\ km^2$ **d)** $A \approx 0{,}08\ cm^2$ **e)** $A \approx 0{,}08\ km^2$

12. $A \approx 804{,}25\ m^2$; $804{,}25\ m^2 : 100\ m^2 = 8{,}0425$
8 Packungen reichen also nur ganz knapp. Man würde für den Rest aber keine weitere Packung kaufen.
8 Packungen kosten 20,48 €.

13. Der Teig ist ungefähr $707\ cm^2$ groß, ein Plätzchen ungefähr $15{,}9\ cm^2$.
Sie erhält ungefähr 44 Plätzchen.
Zwischen den einzelnen kreisförmigen Plätzchen und am Rand des Teiges gibt es Abfall, sodass die tatsächliche Anzahl geringer sein wird.

14. $1\,519\ m^2 \left[3\,046\ m^2\right]$

15. **a)** $28{,}27\ m^2$ **b)** $56{,}55\ m^2$

5.3 Vermischte Übungen zu Umfang und Flächeninhalt eines Kreises

206

1. $35{,}78\ m^2 \approx 36\ m^2$
(Abhängig von der Größe der Fliesen muss noch ein Aufschlag für Verschnitt hinzugerechnet werden.)

2. **a)** $u \approx 15{,}4\ m$; Kosten für 77 Pflanzen: 219,45 €
b) $A \approx 18{,}86\ m^2$; Kosten für 151 Pflanzen: 1 094,75 €
c) $A \approx 23{,}00\ m^2$;
Preis: 711,62 € bei 19 % Mehrwertsteuer

3. **a)** 69,6 cm; 218,65 cm **b)** 2,9 % $(u \approx 225\ cm)$

4. **a)** 83,45 m **b)** 398,12 m **c)** 7,67 m

206

5. a) Glattes Blech: Es wird 1 m^2 Blech benötigt.
1 m^2 wiegt 2,5 kg.
Gewelltes Blech: Ein Rechteck mit $a = 0{,}1$ m und $b = 10$ m bedeckt $a \cdot b = 1\ m^2$ Fläche. Der Materialverbrauch ergibt sich wie folgt: $2 \cdot \left(\frac{u}{2}\right) \cdot 10\ m = u \cdot 10\ m = 1{,}57\ m^2$

Es wird 1,57 m^2 Blech benötigt. Das Gewicht beträgt 3,925 kg.
Der Gewichtsunterschied beträgt 1,425 kg.

b) Wellblech wiegt 57 % mehr als glattes Blech.

c) Wellblech ist formstabil.

207

6. $A_{Stoff} = 2{,}24\ m^2$ $A_{Rest} = 0{,}7\ m^2$
$A_{Decke} = 1{,}54\ m^2$ Verschnitt : 31,25 %

7. Es entsteht 36,34 % Verschnitt.

8. Seitenlänge des Quadrats: a
Radius des Kreises: $\frac{1}{2}a$
Flächeninhalt des Quadrats: $A_Q = a^2$
Flächeninhalt des Kreises: $A_K = \frac{1}{4}\pi a^2$
Abfall: $A_Q - A_K = \left(1 - \frac{1}{4}\pi\right)a^2 \approx 0{,}2146$
Der Abfall beträgt ungefähr 21,5 %.

9. a) $1{,}13\ mm^2 \left[10{,}18\ mm^2; 0{,}28\ mm^2\right]$

b) Der Widerstand beträgt den 9ten Teil bzw. das Vierfache.

c) $6{,}91\ mm^2 \left[14{,}45\ mm^2; 5{,}03\ mm^2\right]$

10. a) $0{,}139\ cm^2$ b) 0,072 MB

11. a) Für alle Fälle gilt:
$A \approx 452{,}4\ cm^2 \left[A = \frac{\pi}{4} \cdot a^2\right]$; ungefähr 21,5 % Abfall

b) (1) $a \cdot \pi = 24\ cm \cdot \pi \approx 75{,}4\ cm$
(2) $4 \cdot \frac{a}{2} \cdot \pi = 2 \cdot 24\ cm \cdot \pi \approx 150{,}8\ cm$
(3) $9 \cdot \frac{a}{3} \cdot \pi = 3 \cdot 24\ cm \cdot \pi \approx 226{,}2\ cm$
(4) $16 \cdot \frac{a}{4} \cdot \pi = 4 \cdot 24\ cm \cdot \pi \approx 301{,}6\ cm$

12. $A \approx 32\ cm^2$ $A \approx 25{,}1\ cm^2$ $A = 2\ r^2$ $A = \frac{1}{3}\pi\ r^2$
$u \approx 33{,}1\ cm$ $u \approx 25{,}1\ cm$ $u = 2\pi r$ $u = 2\pi r$

Im Blickpunkt: Die Zahl π in der Geschichte der Menschheit

208

1. Durchmesser: 10 Ellen
Umfang: 30 Ellen
Näherungswert für π: $\frac{u}{d} \approx 3$

2. π' ist der von Al-Kasi berechnete Wert für π.

(1) $d = 6 \cdot 10^5 \cdot 7{,}5 \cdot 10^3\ \text{km} = 6 \cdot 10^5 \cdot 7{,}5 \cdot 10^9\ \text{mm}$

Zu zeigen $|u - u'| \leq 0{,}5\ \text{mm}$

(2) Da $2\pi'$ auf 16 Nachkommastellen genau angegeben wurde, gilt:

$$2\pi' \leq 2\pi < 2\pi' + 1 \cdot 10^{-16} \quad | -2\pi'$$
$$0 \leq 2\,(\pi - \pi') < 1 \cdot 10^{-16} \quad \Big| \cdot \tfrac{1}{2}$$
$$0 \leq \pi - \pi' < 5 \cdot 10^{-17}$$

(3) $|u - u'| = |\pi \cdot d - \pi' \cdot d| = |\pi - \pi'| \cdot d \quad |(1)$ und (2) einsetzen

$$< 5 \cdot 10^{-17} \cdot \left(6 \cdot 7{,}5 \cdot 10^{14}\right)\ \text{mm}$$
$$< 0{,}23\ \text{mm} < 0{,}5\ \text{mm}$$
$$|u - u'| < 0{,}5\ \text{mm}$$

3. $4 \cdot \left(\frac{1}{1} - \frac{1}{3} + \frac{1}{5} - \frac{1}{7} + \frac{1}{9}\right) = 3{,}3396...$

$4 \cdot \left(\frac{1}{1} - \frac{1}{3} + \frac{1}{5} - \frac{1}{7} + \frac{1}{9} - \frac{1}{11}\right) = 2{,}9760...$

$4 \cdot \left(\frac{1}{1} - \ ...\ - \frac{1}{11} + \frac{1}{13}\right) = 3{,}2837...$

$4 \cdot \left(\frac{1}{1} - \ ...\ + \frac{1}{13} - \frac{1}{15}\right) = 3{,}0170...$

$4 \cdot \left(\frac{1}{1} - \ ...\ - \frac{1}{15} + \frac{1}{17}\right) = 3{,}2523...$

$4 \cdot \left(\frac{1}{1} - \ ...\ + \frac{1}{17} - \frac{1}{19}\right) = 3{,}0418...$

$4 \cdot \left(\frac{1}{1} - \ ...\ - \frac{1}{19} + \frac{1}{21}\right) = 3{,}2323...$

$4 \cdot \left(\frac{1}{1} - \ ...\ + \frac{1}{21} - \frac{1}{23}\right) = 3{,}0584...$

5.4 Kreisausschnitt und Kreisbogen

211 **2.** $A_\alpha = \pi r^2 \cdot \frac{\alpha}{360°} = \frac{1}{2}\pi r^2 \cdot \frac{\alpha}{180°} = \frac{1}{2} r \cdot \left(\pi r \cdot \frac{\alpha}{180°}\right) = \frac{1}{2} r b_\alpha$

Im Dreieck entspricht die Grundseite der Bogenlänge, die Höhe entspricht dem Kreisradius $\left(A_{Dreieck} = \frac{1}{2} gh\right)$.

3. Sonst.: $2{,}26\ cm^2$ Sport: $7{,}07\ cm^2$

Fernsehen: $9{,}90\ cm^2$ Computer: $6{,}22\ cm^2$

Disco: $2{,}83\ cm^2$

4.

r	3 cm	4 cm	8 m	45 mm	1 km	4 dm	4,9 m
α	30°	45°	12°	100°	150°	200°	295°
A_α	2,4 cm²	6,28 cm²	6,7 m²	1 767 mm²	1,31 km²	27,9 dm²	61,81 m²
b_α	1,6 cm	3,14 cm	1,68 m	78,5 mm	2,62 km	14,0 dm	25,2 m

5.

r	5 cm	86 mm	6 cm	9 m	12 cm	20 cm
α	35°	249°	203,7°	79,6°	119,4°	149°
A_α	7,6 cm²	160,7 cm²	64 cm²	56,25 m²	150 cm²	520 cm²
b_α	3,1 cm	37,4 cm	21,3 m	12,5 m	25 cm	52 cm

Anmerkung: Unterschiedliches Runden und Reihenfolge der Berechnungen können leicht abweichende Ergebnisse ergeben.

6. **a)** 180° **b)** 135° **c)** 90° **d)** 270° **e)** 45° **f)** 60°

7. Ja, denn $u = 2r\pi > r$ und für b gilt: $0 < b \le u$

8. **a)** *Mittelpunktswinkel → Kreisradius*: $r = \frac{180 \cdot 10}{\pi} \cdot \frac{1}{\alpha}$

$r = 572{,}96 \cdot \frac{1}{\alpha};\ 0 < \alpha \le 360°$

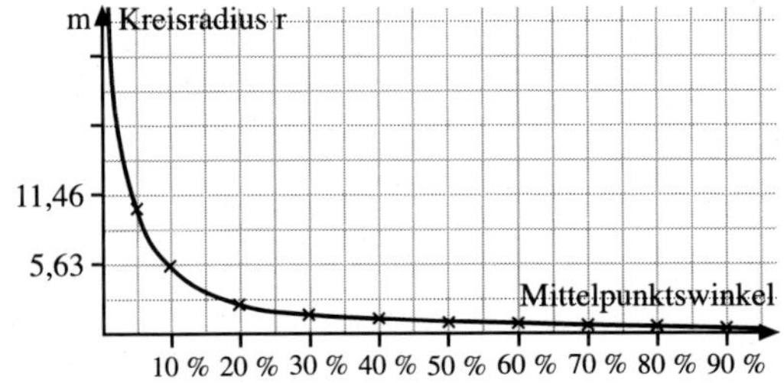

b) Es liegt eine antiproportionale Zuordnung vor. Zum Doppelten (Dreifachen, …) eines Winkels gehört die Hälfte (ein Drittel, …) der Radiuslänge.

211 **9.** $\pi r^2 \cdot \frac{\alpha}{360°} = r^2 \qquad \alpha = \frac{360°}{\pi} \approx 114{,}59°$

10. $6{,}9 = 2x + 1{,}2 + 0{,}6^2 \cdot \pi$; also $x \approx 1{,}91$ m

$A \approx 1{,}20 \text{ m} \cdot 1{,}91 \text{ m} \cdot \frac{1}{2}(0{,}6 \text{ m})^2 \cdot \pi \approx 2{,}86 \text{ m}^2$

5.5 Oberflächeninhalt des Zylinders

212 **2.** (1) $O = 2 \cdot G + M = 2\pi r^2 + 2\pi r \cdot h = 2\pi r(r+h)$

(2) $O = 2\pi r \cdot (r+h) = 2\pi \frac{d}{2}\left(\frac{d}{2}+h\right) = \pi \frac{d}{2}(d+2h)$

213 **3.** Die beiden Deckel (Kreise) sind ungefähr $42{,}5 \text{ cm}^2$ groß, der rechteckige Mantel $849{,}5 \text{ cm}^2$. Insgesamt sind es ungefähr $892{,}0 \text{ cm}^2$.

4. Stift, Coladose, Spaghetti, Keksdose, Konservendose

5. **a)** $M \approx 10{,}5 \text{ dm}^2$

$O \approx 49{,}5 \text{ dm}^2$

b) $M \approx 97{,}0 \text{ cm}^2$

$O \approx 443{,}3 \text{ cm}^2$

c) $M \approx 37{,}2 \text{ dm}^2$

$O \approx 95{,}9 \text{ dm}^2$

d) $M \approx 81{,}4 \text{ dm}^2$

$O \approx 162{,}9 \text{ dm}^2$

e) $M \approx 5{,}6 \text{ dm}^2$

$O \approx 16{,}7 \text{ dm}^2$

6. 513,7 kg

7. 7 cm

8. 63,4 cm

9. **a)** Die Oberfläche verändert sich quadratisch.

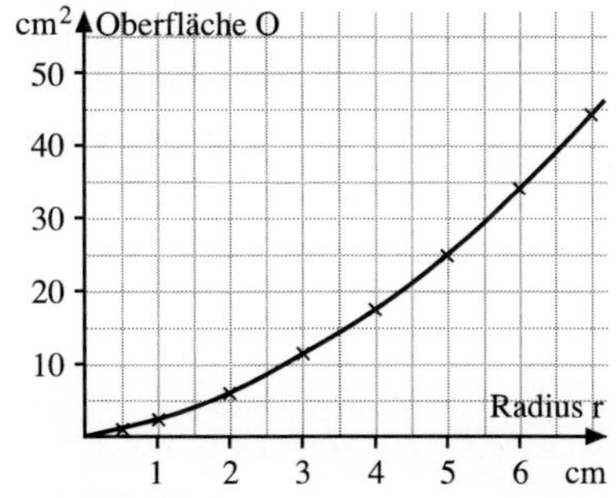

b) Die Oberfläche verändert sich linear.

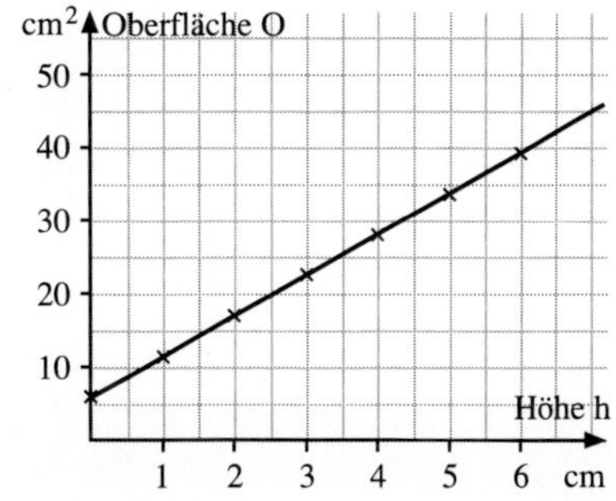

213 **10.** **a)** $M_1 = M_2 \approx 50,27\ \text{cm}^2$

b) $O_1 \approx 75,4\ \text{cm}^2$; $O_2 \approx 150,8\ \text{cm}^2$

c) Wenn Dose 1 eine Höhe von 10 cm hat, gilt: $O_1 = O_2 \approx 150,8\ \text{cm}^2$

5.6 Schrägbild eines Zylinders

214 **2.**

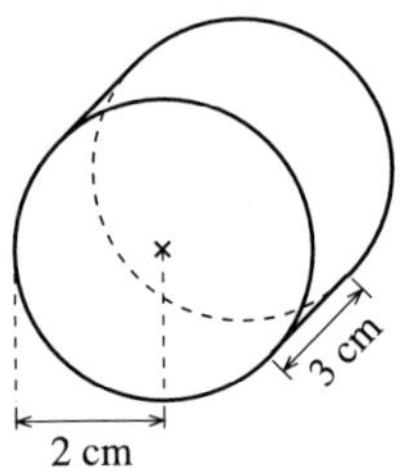

3. -

4. -

5. **a)**

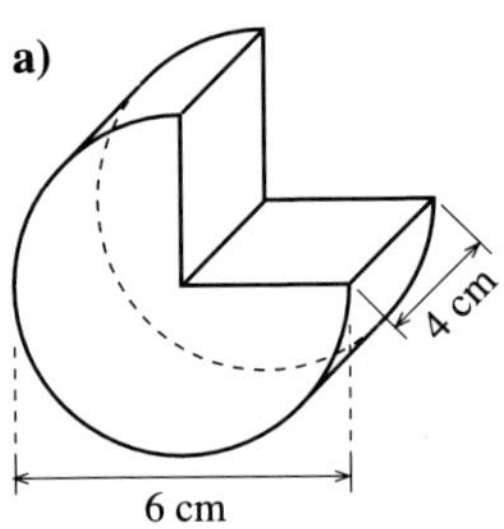

b)

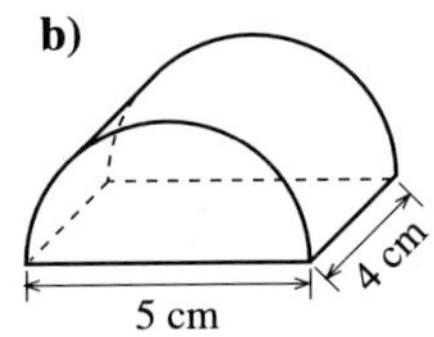

c)

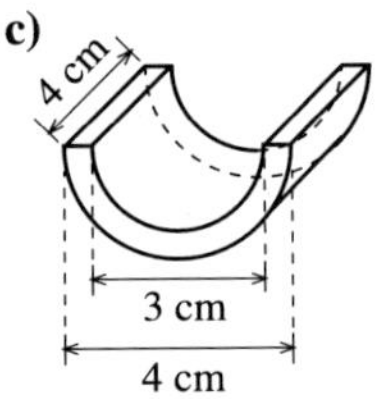

5.7 Volumen eines Zylinders

215 **2.** $4\,222,3\ \text{cm}^3$; $V = \pi \cdot h \left(r_2^{\,2} - r_1^{\,2}\right)$

216 **3.** **a)** Gemäß der Abbildung in der Aufgabenstellung kann man die Tortenstücke so umsortieren, dass ein Quader mit der Grundfläche $a \cdot b$ entsteht, wobei $a \approx \frac{u}{2}$ und $b \approx r$. Je schmaler die Tortenstücke sind, desto genauer ist diese Abschätzung.

Es folgt: $V = a \cdot b \cdot h = \frac{u}{2} \cdot r \cdot h = \frac{2\,r\,h}{2} \cdot r\,h$

$V = \pi\, r^2 \cdot h$

b) 5,45 ℓ

216

4. **a)** 22 120 cm^3 **b)** 591 cm^3 **c)** 14 137 cm^3 **d)** 1 390 dm^3 **e)** 1 212 262 $cm^3 \approx$ 1 212 dm^3

5. **a)** 699 g **b)** 1,233 kg

6. Für eine Stange Rundstahl gilt:
$V \approx 531{,}56\ cm^3$, also $m \approx 4\,199\ g \approx 4{,}2\ kg$.
20 Stangen Rundstahl wiegen also ungefähr 84 kg.

7. Ein mit Dieselöl halb gefülltes Fass wiegt etwa 427 kg (426,789 kg).

8. **a)** 73,8 kg **b)** 125,3 kg

9. Das Parfüm ist am aufwändigsten verpackt, weil es im Verhältnis zum Inhalt den größten Verpackungsmaterialverbrauch hat.

10. (1) 21,2 cm (2) 11,9 cm (3) 7,6 cm

11. (1) Falsch; richtig ist: $A = \frac{\pi\, d^2\, h}{4}$, denn $r^2 = \left(\frac{d}{2}\right)^2$
(2) Richtig
(3) Falsch; richtig ist: $O = 2\pi\, r^2 + 2\pi r \cdot h = 2\pi r\, (r+h)$

5.8 Vermischte Übungen zu Kreis und Zylinder

217

1. **a)** (1) Gesamtfläche: $A = \frac{1}{4}\pi x^2$

rote Fläche: $A_R = \frac{1}{4}\pi x^2 - \frac{1}{2}\pi\left(\frac{x}{2}\right)^2 = \frac{1}{8}\pi x^2$

Die Hälfte der Fläche ist rot gefärbt; dies sind 50 % der Gesamtfläche.

(2) Gesamtfläche: $A = y^2$

rote Fläche: $A_R = y^2 - 8\left[\left(\frac{y}{2}\right)^2 - \frac{1}{4}\pi\left(\frac{y}{2}\right)^2\right] = \frac{y^2}{2}(\pi - 2)$

$\frac{\pi - 2}{2} \approx 0{,}57$ der Gesamtfläche ist rot gefärbt; dies sind 57 % der Gesamtfläche.

217

1. a) (3) Gesamtfläche: $A = \pi\left(\frac{z}{2}\right)^2 = \frac{1}{4}\pi z^2$

rote Fläche: $A = \frac{1}{4}\pi z^2 - 2\cdot\pi\left(\frac{z}{4}\right)^2 + 4\cdot\pi\left(\frac{z}{8}\right)^2 = \frac{3}{16}\pi z^2$

$\frac{3}{4}$ der Gesamtfläche ist rot gefärbt; dies sind 75 % der Gesamtfläche.

b) (1) $u = x + \frac{1}{4}\cdot 2\pi x + \frac{1}{2}\cdot 2\pi\frac{x}{2} = x(\pi+1) \approx 4{,}14x$

(2) $u = 4\cdot\left[\frac{1}{2}\left(2\pi\frac{4}{2}\right)\right] = 2\pi y \approx 6{,}28y$

(3) $u = z + \frac{1}{2}\pi z + 2\cdot\frac{1}{4}\pi z + 4\cdot\frac{1}{8}\pi z = z + \frac{3}{2}\pi z = \left(1+\frac{3}{2}\pi\right)z \approx 5{,}71z$

2. a) (1) $A = \frac{1}{2}\pi r^2 - 2\cdot\frac{1}{2}\cdot\pi\cdot\left(\frac{r}{2}\right)^2 = \frac{1}{4}\pi r^2;\quad u = \pi r + 2\cdot\pi\cdot\left(\frac{r}{2}\right) = 2\pi r$

(2) $A = \frac{1}{2}\pi r^2 - 4\cdot\frac{1}{2}\cdot\pi\cdot\left(\frac{r}{4}\right)^2 = \frac{3}{8}\pi r^2;\quad u = \pi r + 4\cdot\pi\cdot\left(\frac{r}{4}\right) = 2\pi r$

(3) $A = \frac{1}{2}\pi r^2 - 8\cdot\frac{1}{2}\cdot\pi\cdot\left(\frac{r}{8}\right)^2 = \frac{7}{16}\pi r^2;\quad u = \pi r + 8\cdot\pi\cdot\left(\frac{r}{8}\right) = 2\pi r$

b) Der Flächeninhalt nähert sich dem Flächeninhalt des Halbkreises, also dem Wert $\frac{1}{2}\pi r^2$.
Der Umfang ist stets gleich dem Umfang des ganzen Kreises, also gleich $2\pi r$.
Sei n die Anzahl der kleinen Halbkreise, dann gilt:
$A = \left(\frac{n-1}{2n}\right)\pi r^2;\quad u = 2\pi r$

3. a) 490,1 dm² **b)** 4,4 % **c)** 30 kg **d)** 90

4. a) $\approx 12{,}732$ km **b)** $\approx 0{,}0015$ g

5. 8,1 m²

6. 14,25 ℓ

218

7. 1 126 g

8. Die Werbefläche beträgt etwa 11 m². Die Kosten betragen ohne Mehrwertsteuer 1 089 €, mit 16 % Mehrwertsteuer 1 263,24 €, also gut 1 250 €.

9. 15 Lkw-Fahrten

218

10. Volumen des Ringes: 298,451 mm³
Goldanteil: 208,916 mm³, $\approx 4{,}032$ g
Silberanteil: 89,535 mm³, $\approx 0{,}940$ g
Der Ring wiegt ungefähr 5 g.

11. Wie viel m² Glaswand sind zu reinigen?
Es müssen 52,6 m² Glaswand gereinigt werden.

12. (1) Wie viel m³ Erdmaterial wurde dabei aus dem Bohrloch gefördert?
Rechenweg: V_n sei das Volumen der n-ten Bohrung.

$V_1 = 122{,}145\ \text{m}^3$; $V_2 = 410{,}543\ \text{m}^3$; $V_3 = 331{,}340\ \text{m}^3$; $V_4 = 233{,}978\ \text{m}^3$

$V = V_1 + V_2 + V_3 + V_4 = 1\,098{,}006\ \text{m}^3$

Antwort: Es wurden ungefähr 1 098 m³ Erdreich gefördert.
(2) Wie viel wiegt das geförderte Erdreich?
Antwort: Ungefähr 1 646 t.

13. h = 1,5 cm

14. **a)** $V \approx 3{,}025\ \text{cm}^3$
$m \approx 24{,}8$ g

b) $V \approx 4{,}314\ \text{cm}^3$
$m \approx 34{,}3$ g

c) $V \approx 61{,}916\ \text{cm}^3$
$m \approx 491{,}6$ g

d) $V \approx 2{,}982\ \text{cm}^3$
$m \approx 23{,}7$ g

219

15. **a)** 111,18 km [1 111,8 km]

b) 1 sm = 1,853 km

c) Gesucht ist u_K des Kegels mit $r_K = \frac{r_E}{2}$ und $S_K = r_E$, da der Winkel in der Kegelspitze 60° groß ist.
$u_K = 2 \cdot r_K \cdot \pi = r_E \cdot \pi$
Die Länge des 60. Breitenkreises beträgt das π-fache des Erdradius r.

16. 5,7 ℓ

17. **a)** 561 387 m³ Gestein; $a \approx 82{,}5$ m
b) M = 236 373 m²

18. **a)** $V \approx 21\,623$ cm³; $m \approx 171{,}685$ kg
b) Abfall: $V \approx 16\,870$ cm³; $m \approx 133{,}951$ kg
c) $O \approx 5\,006{,}13$ cm²

19. 2,17 m

5.9 Aufgaben zur Vertiefung

220

1. **a)** Das Volumen vervierfacht [verneunfacht] sich.
b) Das Volumen verdoppelt sich.

2. **a)** Der Mantelflächeninhalt M verdoppelt [verdreifacht] sich.
b) Der Oberflächeninhalt O vervierfacht [verneunfacht] sich.
c) -

3. **a)** Der Oberflächeninhalt verändert sich quadratisch.

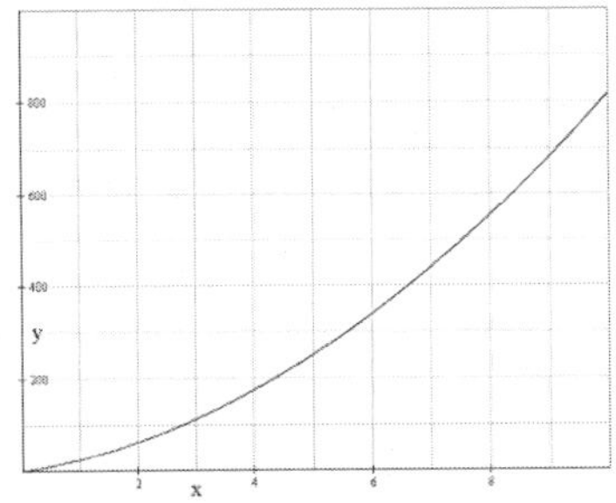

b) Die Oberflächeninhalt verändert sich linear.

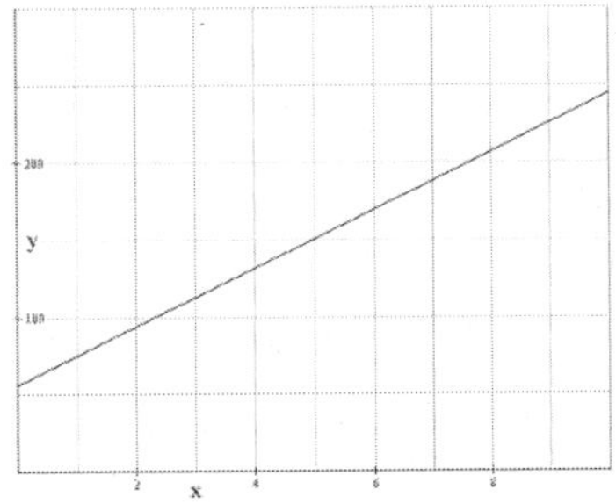

4. Druckfehler in der 1. Auflage: Teilaufgabe c) entfällt.
a) Es entsteht eine Schraubenlinie wie in Abbildung (1) dieser Aufgabe im Schülerband.
b) Das DIN-A4-Blatt muss zunächst gedanklich durch einen waagerechten Strich in zwei gleich große Rechtecke unterteilt werden. In jedem dieser Rechtecke wird eine Diagonale eingezeichnet, sodass beide Diagonalen parallel verlaufen.

5. **a)** 822,0 cm [884,4 cm ; 979,7 cm ; 1 099,3 cm] **b)** 25,22 m